Marco Arold

UV-Absorptionsspektroskopie im Düsenstrahl

Marco Arold

UV-Absorptionsspektroskopie im Düsenstrahl

Entwicklung und Charakterisierung von Verdampfungsquellen für UV-Absorptionsmessungen an astrophysikalisch relevanten Molekülen in Düsenstrahlen

Südwestdeutscher Verlag für Hochschulschriften

Impressum/Imprint (nur für Deutschland/ only for Germany)
Bibliografische Information der Deutschen Nationalbibliothek: Die Deutsche Nationalbibliothek verzeichnet diese Publikation in der Deutschen Nationalbibliografie; detaillierte bibliografische Daten sind im Internet über http://dnb.d-nb.de abrufbar.
Alle in diesem Buch genannten Marken und Produktnamen unterliegen warenzeichen-, marken- oder patentrechtlichem Schutz bzw. sind Warenzeichen oder eingetragene Warenzeichen der jeweiligen Inhaber. Die Wiedergabe von Marken, Produktnamen, Gebrauchsnamen, Handelsnamen, Warenbezeichnungen u.s.w. in diesem Werk berechtigt auch ohne besondere Kennzeichnung nicht zu der Annahme, dass solche Namen im Sinne der Warenzeichen- und Markenschutzgesetzgebung als frei zu betrachten wären und daher von jedermann benutzt werden dürften.

Verlag: Südwestdeutscher Verlag für Hochschulschriften Aktiengesellschaft & Co. KG
Dudweiler Landstr. 99, 66123 Saarbrücken, Deutschland
Telefon +49 681 37 20 271-1, Telefax +49 681 37 20 271-0, Email: info@svh-verlag.de
Zugl.: Jena, Friedrich-Schiller-Universität, 2009

Herstellung in Deutschland:
Schaltungsdienst Lange o.H.G., Zehrensdorfer Str. 11, D-12277 Berlin
Books on Demand GmbH, Gutenbergring 53, D-22848 Norderstedt
Reha GmbH, Dudweiler Landstr. 99, D- 66123 Saarbrücken
ISBN: 978-3-8381-0970-1

Imprint (only for USA, GB)
Bibliographic information published by the Deutsche Nationalbibliothek: The Deutsche Nationalbibliothek lists this publication in the Deutsche Nationalbibliografie; detailed bibliographic data are available in the Internet at http://dnb.d-nb.de.
Any brand names and product names mentioned in this book are subject to trademark, brand or patent protection and are trademarks or registered trademarks of their respective holders. The use of brand names, product names, common names, trade names, product descriptions etc. even without
a particular marking in this works is in no way to be construed to mean that such names may be regarded as unrestricted in respect of trademark and brand protection legislation and could thus be used by anyone.

Publisher:
Südwestdeutscher Verlag für Hochschulschriften Aktiengesellschaft & Co. KG
Dudweiler Landstr. 99, 66123 Saarbrücken, Germany
Phone +49 681 37 20 271-1, Fax +49 681 37 20 271-0, Email: info@svh-verlag.de

Copyright © 2008 Südwestdeutscher Verlag für Hochschulschriften Aktiengesellschaft & Co. KG and licensors
All rights reserved. Saarbrücken 2008

Produced in USA and UK by:
Lightning Source Inc., 1246 Heil Quaker Blvd., La Vergne, TN 37086, USA
Lightning Source UK Ltd., Chapter House, Pitfield, Kiln Farm, Milton Keynes, MK11 3LW, GB
BookSurge, 7290 B. Investment Drive, North Charleston, SC 29418, USA
ISBN: 978-3-8381-0970-1

Inhaltsverzeichnis

1 EINLEITUNG 1

2 ABSORPTIONSSPEKTROSKOPIE 7
   2.1 KONVENTIONELLE ABSORPTIONSSPEKTROSKOPIE 7
   2.2 CAVITY-RING-DOWN-SPEKTROSKOPIE 8
      2.2.1 Theoretische Betrachtung des CRDS-Signals 9
      2.2.2 Experimentelle Umsetzung 11
   2.3 REMPI-SPEKTROSKOPIE 12

3 SIMULATION ASTROPHYSIKALISCH RELEVANTER BEDINGUNGEN IM LABOR 16
   3.1 GEHEIZTE QUELLE 17
   3.2 LASERVERDAMPFUNGSQUELLE 17

4 MOLEKÜLSPEKTROSKOPIE 20
   4.1 ENERGIENIVEAUS UND ROVIBRONISCHE ÜBERGÄNGE 20
   4.2 WELLENLÄNGENKALIBRIERUNG 22

5 EXPERIMENTELLER AUFBAU 24
   5.1 CRDS-APPARATUR 24
      5.1.1 Lasersystem 25
      5.1.2 Vakuumsystem 26
      5.1.3 Molekularstrahlquellen 27
         5.1.3.a Geheizte Quelle 27
         5.1.3.b Piuzzi-Quelle 27
         5.1.3.c Smalley-Quelle 28
   5.2 REMPI-APPARATUR 29

6 CRDS-UNTERSUCHUNGEN AN PAHS UND PAH-GEMISCHEN MIT GEHEIZTER QUELLE 31
   6.1 BENZO(GHI)PERYLEN 31
   6.2 MESSUNGEN AN EINEM RUSS-EXTRAKT 41

7 ENTWURF UND TEST DER PIUZZI-QUELLE 47
   7.1 CRDS-UNTERSUCHUNGEN AN PAHS 47
      7.1.1 Phenanthren 48
      7.1.2 Anthracen 51
      7.1.3 Fluoren 55
   7.2 CRDS-UNTERSUCHUNGEN AN TRYPTOPHAN 56
   7.3 REMPI-UNTERSUCHUNGEN AN TRYPTOPHAN 62
      7.3.1 Vergleich der Massenspektren 63

7.3.2 REMPI-Spektren des Tryptophan-Monomers und des Tryptophan-Wasser-Komplexes 68

8 ENTWURF UND TEST DER SMALLEY-QUELLE 72

8.1 Untersuchungen am Kohlenstoff-Cluster C_3 72
8.2 Untersuchungen an PAHs 77

9 DISKUSSION 80

9.1 Vergleich der verschiedenen Quellen 80
9.2 Astrophysikalische Relevanz der Untersuchungen und Ausblick 82

10 ZUSAMMENFASSUNG 84

LITERATURVERZEICHNIS 86

DANKSAGUNG 97

1 Einleitung

Nach Wasserstoff, Helium und Sauerstoff ist Kohlenstoff das häufigste Element im interstellaren Medium. Deshalb ist es nicht verwunderlich, dass viele der bisher im All gefundenen Moleküle Kohlenstoff enthalten. Eine Gruppe von Molekülen, welche im Wesentlichen aus Kohlenstoff und Wasserstoff bestehen, sind die polyzyklischen aromatischen Kohlenwasserstoffe (engl. polycyclic aromatic hydrocarbons: PAHs). Nach H_2 und CO sind PAHs die häufigsten Moleküle im interstellaren Medium [1]. Die PAHs können als eine Art Bruchstück einer Graphenlage gesehen werden, welches mit Wasserstoff abgesättigt ist. Es wird angenommen, dass PAHs zusammen mit Kohlenstoffpartikeln in zirkumstellaren Hüllen entwickelter Kohlenstoffsterne kondensieren. Einige Autoren haben die Bildung dieser Moleküle in AGB-Sternen (asymptotic giant branch stars) modelliert [2, 3, 4].

Neutrale und ionisierte PAHs werden in Zusammenhang mit vielen astronomischen Beobachtungen bzw. Spektren als Bandenträger diskutiert. Dies sind z.B. die diffusen interstellaren Banden (DIBs) [5, 6, 7] im sichtbaren Spektralbereich, die aromatischen Infrarot-Banden (früher als unidentifizierte Infrarot-Banden (UIBs oder UIRs) bezeichnet) [8, 9], die UV-Absorptionsbande (UV-Bump) bei 217 nm [10] und die blaue Lumineszenz [11].

Die DIBs sind eines der ältesten noch ungeklärten Phänomene in der Astrophysik. Es handelt sich hierbei um Absorptionsbanden, welche vorwiegend im sichtbaren Spektralbereich liegen (400 – 1000 nm) [5]. Sie werden in annähernd allen Richtungen im interstellaren Medium beobachtet. Die ersten Banden wurden bereits vor über 100 Jahren entdeckt. Seitdem werden immer mehr Banden gefunden. Unter anderem lässt die Breite der Banden auf Moleküle als Träger der Banden schließen. Die molekulare Ursache ist allerdings nicht vollständig gesichert. Eine Gruppe dieser möglichen Moleküle stellen die PAHs dar. Um zur Klärung der PAH-Hypothese beizutragen, wurden in unserer Gruppe bereits die Absorptionsspektren mehrerer neutraler PAHs [12, 13, 14, 15, 16] (Abb. 1.1) und PAH-Kationen [17] (Abb. 1.2) in einer Überschallmolekularstrahlapparatur untersucht.

Eine Komplikation bei der Identifizierung der molekularen Ursache der DIBs ist die Tatsache, dass bis heute noch keine Korrelation zwischen verschiedenen DIBs gefunden wurde. Somit ist die eindeutige Identifizierung deutlich erschwert, da aus Molekülspektren, die im Labor in der Gasphase gemessen wurden, meist nur eine Bande für Vergleiche herangezogen werden kann. Da ein PAH-Spektrum allerdings häufig aus mehreren Banden besteht, ist es fraglich ob PAHs die Träger der DIBs sein können.

Einige UIRs hingegen sind mittlerweile klar als aromatische Schwingungen identifiziert worden. Sie stammen höchstwahrscheinlich von den PAHs. Es handelt sich hierbei um mehrere Emissionsbanden bei 3.3 µm und im Bereich von 6 – 17 µm. Die Bande bei 3.3 µm wird der C-H-Streckschwingung neutraler PAHs zugeordnet, da diese bei ionisierten PAHs deutlich schwächer ist [18]. Sie ist für kleine PAHs mit ca. 20 Kohlenstoffatomen

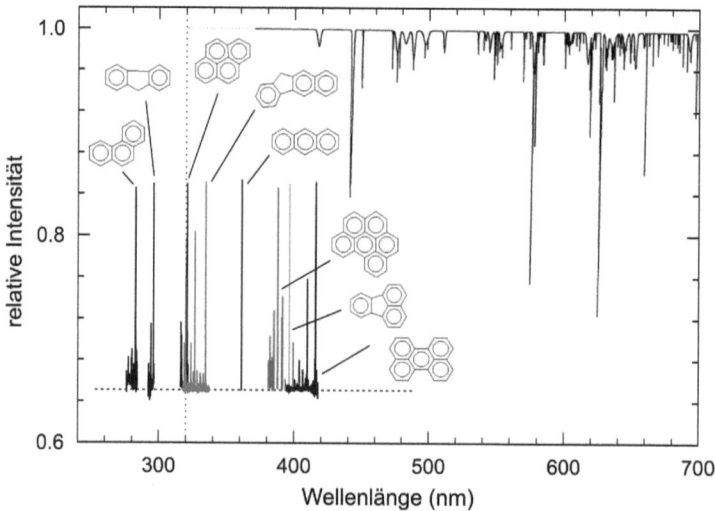

Abb. 1.1: Vergleich der in unserer Gruppe gemessenen Absorptionsbanden von neutralen PAHs mit einem DIB-Spektrum von Jenniskens und Désert [5] (obere Kurve). Die Absorptionsbanden wurden auf ihre jeweils intensivste Bande normiert und mit der Struktur der dazugehörigen PAHs beschriftet. Die senkrechte gepunktete Linie bei ca. 320 nm deutet das Limit der erdgebundenen astronomischen Beobachtungen an. Die in dieser Arbeit gemessenen PAHs wurden bereits mit in die Grafik aufgenommen.

ebenfalls deutlich stärker (etwa Faktor 50) als für PAHs mit ca. 100 Kohlenstoffatomen [19]. Die Bande bei 11.3 µm wird hingegen der C-H-Deformationsschwingung zugeordnet, bei der maximal zwei Wasserstoffatome senkrecht zur Molekülebene schwingen. Das bedeutet, dass dies hochkondensierte Systeme und somit relativ große PAHs sein müssen. Eine weitere Bande bei 8.6 µm wird der C-H-Deformationsschwingung, bei welcher der Wasserstoff in der Molekülebene schwingt, zugeordnet. Die C=C-Streckschwingungen und die C=C-Deformationsschwingungen in PAHs erzeugen Emissionsbanden bei 6.2 µm, 7.7 µm und größeren Wellenlängen [1, 20]. Die Emissionen durch die C=C-Schwingungen von ionisierten PAHs sind in etwa eine Größenordnung stärker als dieselben von neutralen PAHs [21]. Da all diese Schwingungen in ihrer Wellenlängenposition nur wenig von der Größe oder dem Ionisationszustand der PAHs sondern vor allem von den an den Schwingungen beteiligten funktionellen Gruppen abhängen, kann man aus den Beobachtungen im IR-Bereich nicht auf das Vorhandensein eines spezifischen PAH-Moleküls in den entsprechenden Regionen im interstellaren Medium rückschließen. Man kann höchstens aus einem Vergleich der relativen Intensitäten der Banden Rückschlüsse auf die ungefähre Größe ziehen und eine Aussage machen, ob es sich um neutrale oder ionisierte PAHs handelt.

Wie kommt es nun aber zur Emission im IR-Bereich? Aitken & Roche [22] schlugen eine thermische Emission vor, da eine Quantenausbeute von annähernd Eins oder gar ober-

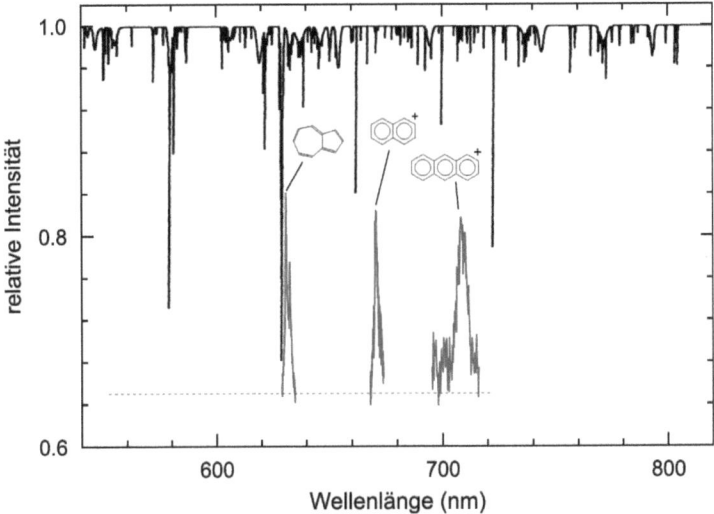

Abb. 1.2: Vergleich der in unserer Gruppe gemessenen Absorptionsbanden von ionisierten PAHs und dem neutralen PAH Azulen mit einem DIB-Spektrum von Jenniskens und Désert [5] (obere Kurve). Die Absorptionsbanden wurden auf ihre jeweils intensivste Bande normiert und mit der Struktur der dazugehörigen PAHs beschriftet.

halb von Eins zur Erklärung der UIRs als Fluoreszenzerscheinung nötig wäre. Die meisten aktuellen Theorien zur Emission der UIRs gehen von einem Dreistufenprozess aus:

1. Anregung durch Absorption eines energiereichen Photons des Sternenlichts (üblicherweise UV-Photonen).
2. Schnelle ($10^{-12} - 10^{-10}$ s) Umverteilung der gesamten oder eines Teils der absorbierten Energie über alle vorhandenen Schwingungsmoden.
3. Strahlende Abregung durch Emission von IR-Photonen.

Li und Draine [23] zeigten, dass ein solcher Anregungsmechanismus bei PAHs auch durch Absorption von Photonen im sichtbaren Bereich möglich ist. Somit lassen sich die UIRs in der Umgebung von kalten Sternen (T_{eff} < 10000 K) ebenfalls durch PAHs erklären. Bereits in einer früheren Veröffentlichung [24] berechneten sie für ein PAH mit ca. 100 Kohlenstoffatomen, was der mittleren Größe der PAHs in der Milchstrasse [25] entspricht, eine Vibrationstemperatur von ca. 390 K nach Absorption eines Photons (λ = 500 nm). Dies führt zu einer starken Emission im Bereich der UIRs zwischen 6 und 11.5 µm. Auch kleinere PAHs können im Sichtbaren absorbieren, hierfür muss es sich allerdings um ionisierte PAHs handeln, da neutrale kleine PAHs keine oder nur sehr schwache Absorption im sichtbaren Bereich aufweisen.

Papoular [26] schlug hingegen eine Anregung der PAHs durch Energiegewinn während der Bildung von H_2 vor, bei der PAHs als Katalysator dienen. Dieser Mechanismus allein kann allerdings nicht die Stärke der beobachteten UIRs erklären, während eine Anregung durch Absorption von Photonen der Sterne die beobachteten Intensitäten der UIRs erklären kann [23].

Zusätzlich zur Energieumverteilung und der damit verbundenen Erhöhung der Vibrationstemperatur kann die elektronische Anregung unter Aussendung von Photonen im UV- bzw. sichtbaren Spektralbereich relaxieren [27]. Die sogenannte blaue Lumineszenz, die z.B. im Roten Rechteck beobachtet werden kann, wird mit einem solchen Relaxationsmechanismus in Verbindung gebracht. Im Roten Rechteck werden neben der blauen Lumineszenz auch die stärksten UIR-Banden beobachtet [18]. Außerdem besteht in diesem astronomischen Objekt eine räumliche Korrelation zwischen der Bande bei 3.3 µm und der blauen Lumineszenz. Es wird daher angenommen, dass die blaue Lumineszenz und die UIRs denselben Ursprung haben, nämlich PAHs. Da die Bande bei 3.3 µm vor allem im Vergleich zur Bande bei 11.3 µm in diesem Gebiet recht stark ist, wird zusätzlich davon ausgegangen, dass vorwiegend kleine PAHs mit 3 – 4 Benzolringen (Masse bis 250 amu) hierfür verantwortlich sind [11].

Der sogenannte UV-Bump wird in allen Himmelsrichtungen bei 217.5 nm als Absorptionsbande beobachtet. Er stellt die stärkste von allen interstellaren Banden im sichtbaren und UV-Bereich dar. Es handelt sich um eine relativ breite Bande, welche bereits 1965 von Stecher *et al.* [28] gefunden wurde und deren Ursache bis heute nicht geklärt ist. Stecher und Donn schlugen Plasmon-Resonanzen oder elektronische $\pi \rightarrow \pi^*$-Übergänge in Graphit als mögliche Ursache vor [29]. Draine und Malhotra [30] haben später einige Probleme mit dieser Interpretation aufgezeigt, indem sie nachwiesen, dass eine hierfür notwendige gleichmäßige Größenverteilung von 6 nm großen Graphitteilchen im All unwahrscheinlich ist. Mennella *et al.* [31] schlugen amorphe Kohlenstoffpartikel als möglichen Träger des UV-Bumps vor. Mit dieser Interpretation können allerdings nicht die Breite und die konstante Position gleichzeitig korrekt an die Beobachtungen angepasst werden. Die Position des UV-Bumps wird von der inneren Struktur der Kohlenstoffpartikel und die Breite der Bande durch den Agglomerationszustand bestimmt [32, 33]. Steel und Duley [34] schlugen Defekte auf Oberflächen von Silikaten als weitere mögliche Ursache vor.

Neben solchen speziellen Annahmen beinhalten fast alle Theorien seit den 90iger Jahren die Beteiligung von aromatischen Kohlenstoffverbindungen, entweder als in der Größe eingeschränkte Graphit-Bruchstücke [35] oder als einzelne bzw. agglomerierte PAHs [36, 25, 37]. Ein möglicher qualitativer Zusammenhang zwischen UV-Bump und PAHs wurde bereits 1992 von Joblin *et al.* vorgeschlagen [38], welche Laborspektren von PAH-Gemischen mit der mittleren interstellaren Extinktionskurve verglichen haben und ähnliche spektrale Strukturen fanden. Weitere Veröffentlichungen verwendeten theoretische Spektren von PAH-Gemischen in verschiedenen Ladungszuständen als Vergleichsbasis [39, 40, 41]. Die neuesten Modelle gehen von einem großen Anteil des Kohlenstoffs in Form von einzelnen bzw. agglomerierten PAH-Molekülen aus [42, 43, 44]. Pestellini et al. [45] verwenden in ihrem Modell PAH-Hüllen um Silikat-Kerne, ähnlich den Eishüllen um Staubteilchen, welche in dunklen Wolken beobachtet werden [46]. Sie griffen hierbei auf berechnete spektrale Eigenschaften von 50 PAHs in den Ladungszuständen 0, ±1 und ±2 zurück, welche Malloci et al. 2007 [47] veröffentlicht hatten. Mit diesem Modell fanden sie eine gute Übereinstimmung mit dem UV-Bump in mehreren interstellaren Objekten. Weiter fanden sie heraus, dass in ihrem Modell die Ladungszustände der PAHs wichtiger sind, als die verwendete Anzahl verschiedener PAHs.

Bisher wurden im interstellaren Medium noch keine individuellen PAHs identifiziert. Allerdings wurden sie in primitiven, unprozessierten Meteoriten, wie dem bekannten Murchison-Meteoriten, in relativ großer Häufigkeit nachgewiesen [48].

In der Astronomie wird auch eine intensive Diskussion darüber geführt, ob die Grundbausteine des Lebens auf der Erde aus dem All kamen. Die Suche und die mögliche Entdeckung von Biomolekülen im interstellaren Medium und in Molekülwolken führten zu einem neuen wissenschaftlichen Feld, der Astrobiologie. Im bereits erwähnten Murchison-Meteoriten wurden neben PAHs auch einige Biomoleküle gefunden. Bis heute wurden über 80 Aminosäuren (davon 8 der 20 essentiellen Aminosäuren, welche eine Vorstufe der Proteine sind) entdeckt [48]. Die Aminosäuren Phenylalanin, Tyrosin und Tryptophan wurden ebenfalls im Didwana-Rajod-Meteoriten, welcher im Jahr 1991 auf die Erde stürzte, gefunden [49].

Für die Suche nach Molekülen im interstellaren Medium wird heutzutage meist die Mikrowellenemission von diesen untersucht. Die Übergänge zwischen den Rotationszuständen der Moleküle können im Mikrowellen-Bereich gemessen werden. Mikrowellen haben den Vorteil, dass sie auch dichte Bereiche des Alls durchdringen und dass man erdgebundene Untersuchungen durchführen kann. Es wird außerdem erwartet, dass in solchen dichten Regionen die verschiedensten Moleküle und Aggregate vorhanden sind. Allerdings hat man durch ständige Verbesserungen der Mikrowellenbeobachtungen bereits das sogenannte „confusion limit" annähernd erreicht, bei welchem bei nahezu jeder Energie Linien beobachtbar sind und somit Molekülzuordnungen nicht mehr möglich sind. An dem Punkt wird es interessant, mit der Beobachtung in andere Wellenlängenbereiche zu wechseln. Zum Beispiel kann man das Licht eines Sterns, welcher sich hinter einer Molekülwolke befindet, dazu verwenden, die Moleküle anhand ihrer Absorptionsübergänge im ultravioletten Spektralbereich zu identifizieren. Hierbei sind dann allerdings die dichten Regionen des Alls nicht mehr zugänglich, da in ihnen das Licht des Sterns komplett absorbiert bzw. gestreut wird. Ein weiterer Nachteil ist, dass nicht mehr vom Boden aus beobachtet werden kann, sondern weltraumgestützte Systeme nötig sind. Dies trifft vor allem für kürzere Wellenlängen als 320 nm zu, da hier die Erdatmosphäre nahezu das gesamte Licht absorbiert.

Um im UV-Bereich Moleküle zu identifizieren, sind Absorptionsspektren aus dem Labor notwendig, die unter möglichst vergleichbaren Bedingungen aufgenommen wurden. In unserer Gruppe wird die sogenannte Cavity-Ring-Down-Spektroskopie (CRDS) zusammen mit einem Überschallmolekularstrahl (zur Abkühlung der Moleküle) verwendet, um solche Vergleichsspektren aufzunehmen.

In dieser Arbeit wird auf die Messung der Absorption verschiedener Moleküle (z.B. von PAHs und der Aminosäure Tryptophan) mittels der CRDS eingegangen. Es wird die Möglichkeit der Kombination dieser Methode mit verschiedenen Molekularstrahlquellen abgehandelt. Hierfür wurden, zusätzlich zur bereits in der Gruppe bestehenden geheizten Quelle, zwei unterschiedliche Laserverdampfungsquellen konstruiert und getestet. Des Weiteren werden die Vor- und Nachteile von Laserverdampfungsquellen im Zusammenhang mit der CRDS diskutiert.

2 Absorptionsspektroskopie

In diesem Kapitel werden verschiedene Methoden zur Bestimmung der Absorption von Molekülen vorgestellt und miteinander verglichen. Hierbei wird zwischen direkten Messungen und indirekten Messungen, also dem Nachweis der Absorption durch einen weiteren Prozess wie Fluoreszenz (engl. laser-induced fluorescence: LIF) oder Ionisation durch Absorption weiterer Photonen (engl. resonance-enhanced multiphoton ionization: REMPI) unterschieden (Abb. 2.1). Zu den direkten Methoden gehören die konventionelle Absorptionsspektroskopie und die sogenannte Cavity-Ring-Down-Spektroskopie.

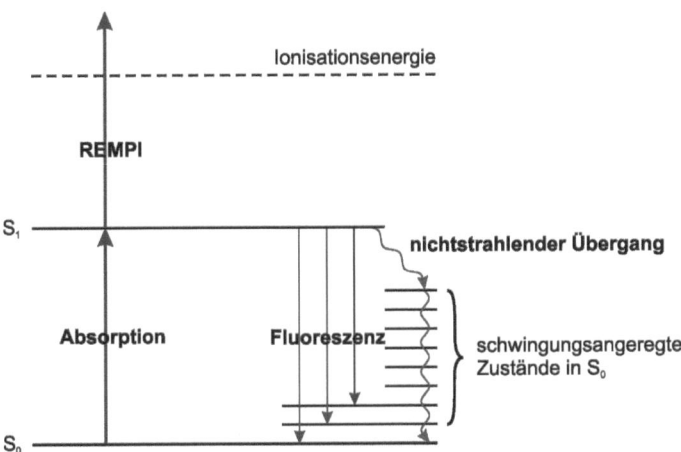

Abb. 2.1: Vereinfachtes Energieschema mit den verschiedenen die Absorption begleitenden Prozessen.

2.1 Konventionelle Absorptionsspektroskopie

Bei der klassischen Absorptionsspektroskopie wird die Lichtintensität vor einem absorbierenden Medium I_0 mit der Intensität hinter diesem Medium $I(l)$ in Abhängigkeit von der Wellenlänge λ verglichen. Für den Intensitätsabfall im Medium gilt das Lambert-Beer'sche Gesetz

$$I(l) = I_0 \, exp(-\alpha(\lambda)l) = I_0 \, exp(-\sigma(\lambda)Nl) \; . \tag{2.1}$$

Hierbei sind l die Länge des Mediums, $\alpha(\lambda)$ der Absorptionskoeffizient des Mediums, $\sigma(\lambda)$ der Absorptionsquerschnitt der Moleküle im Medium und N die Moleküldichte im absorbierenden Energiezustand.

Das Wichtigste hierbei ist, dass die Intensität möglichst stabil gehalten wird, da eine Schwankung in der Intensität einen direkten Einfluss auf die Messung der Absorption hat.

Eine Verbesserung ergibt sich, wenn man einen Strahlteiler verwendet und die beiden zu vergleichenden Intensitäten gleichzeitig misst (Abb. 2.2). Dies wird in sogenannten Zweistrahlspektrometern umgesetzt. Allerdings liegen hier meist auch keine ideal gleichen Bedingungen im Messstrahlengang und dem Referenzstrahlengang vor, so dass eine Kalibierung des Untergrunds erforderlich ist.

In kommerziellen Spektrometern wird häufig die dekadische Extinktion (engl. Absorbance: A) ausgegeben, welche sich aus

$$A = -\log(I(l)/I_0) = \sigma(\lambda)Nl \times \log(e) \qquad (2.2)$$

ergibt. Wie man sieht, ist die dekadische Extinktion direkt proportional zum Absorptionsquerschnitt $\sigma(\lambda)$.

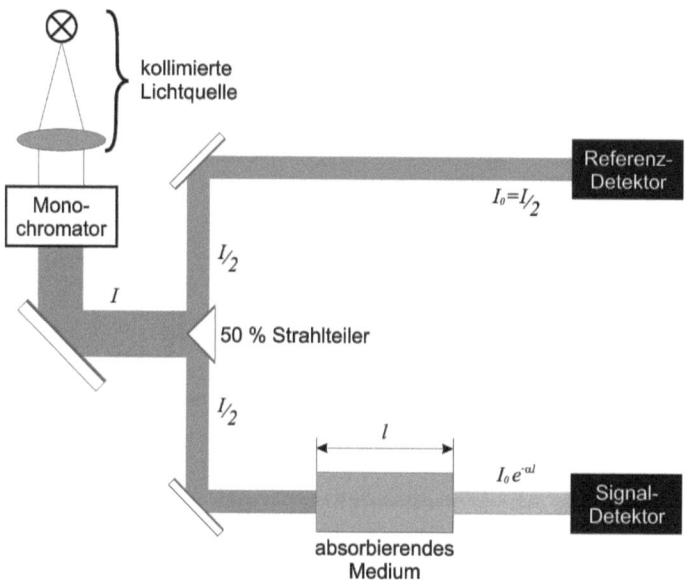

Abb. 2.2: **Schematischer Aufbau eines Zweistrahlspektrometers.**

2.2 Cavity-Ring-Down-Spektroskopie

Die Cavity-Ring-Down-Spektroskopie (CRDS) wurde 1988 als spektroskopische Methode von O'Keefe und Deacon eingeführt [50]. Der einfachste Aufbau besteht aus einem gepulsten Laser als Lichtquelle, einem Paar hochreflektierender Spiegel ($R \sim 0.9999$), welche den Resonator (die sogenannte Cavity) bilden, einem Detektor und einer Auswerteelektronik (siehe Abb. 2.3). Im Gegensatz zur konventionellen Absorptionsspektroskopie, bei welcher man die Lichtintensität mit und ohne Absorptionsmedium misst, wird bei der CRDS die Abklingzeit des durch den Resonator transmittierten Lichts gemessen.

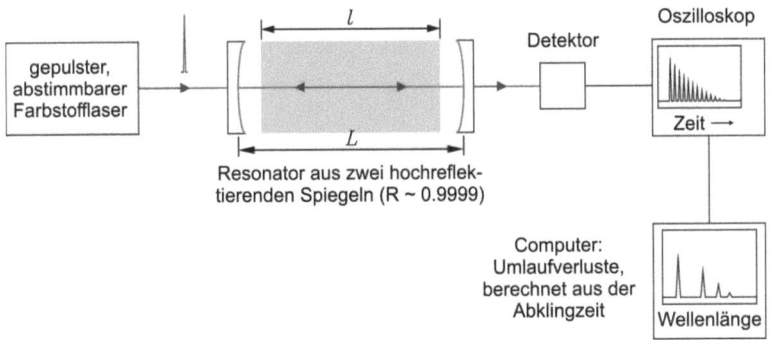

Abb. 2.3: Schematischer CRDS-Aufbau mit absorbierendem Medium der Länge l in einem Resonator der Länge L.

2.2.1 Theoretische Betrachtung des CRDS-Signals

Nehmen wir an, der Resonator besteht aus zwei hochreflektierenden Spiegeln mit derselben Reflektivität ($R_1 = R_2 = R \approx 1$) und Transmission T im Abstand L zueinander. Dieser Resonator sei mit einem absorbierenden Medium der Länge l gefüllt, welches eine Moleküldichte N im absorbierenden Energiezustand und einen Absorptionsquerschnitt $\sigma(\lambda)$ besitzt. Beim einmaligen Durchlauf durch den Resonator wird am Detektor die Lichtintensität I_0^* registriert. Bei Berücksichtigung der Transmission der Spiegel und der Absorption des Mediums im Resonator ergibt sich nach dem Lambert-Beer'schen Gesetz folgender Zusammenhang zwischen I_0 und I_0^*

$$I_0^* = T^2 \exp(-\sigma(\lambda)Nl)\, I_0\ . \tag{2.3}$$

Bei jedem weiteren Umlauf im Resonator reduziert sich die Intensität am Detektor aufgrund der Absorption und der Reflektion an den Spiegeln um den Faktor $R^2 \exp(-2\sigma(\lambda)Nl)$. Somit ergibt sich die Intensität I_n hinter dem Resonator nach n Umläufen zu

$$I_n = R^{2n} \exp(-2n\sigma(\lambda)Nl)\, I_0^*\ . \tag{2.4}$$

Mit den Streuverlusten der Spiegel und weiteren möglichen Verlusten, wie Beugung und bei Gasen als absorbierendes Medium die Rayleigh-Streuung, kann man die Energieerhaltung im Resonator als $R + T + S = 1$ schreiben, wobei S für die Streuverluste im Resonator steht. Da $R \approx 1$ ist, kann in Gl. 2.4

$$R^{2n} = \exp[\ln(R^{2n})] = \exp[2n\ln(R)] \approx \\ \exp[2n(R-1)] \approx \exp[-2n(T+S)\,] \tag{2.5}$$

geschrieben werden. Setzt man Gl. 2.5 in Gl. 2.4 ein, erhält man

$$I_n \approx \exp[-2n(T + S + \sigma(\lambda)Nl)]\, I_0^* \, . \tag{2.6}$$

Die diskrete Variable n (Zahl der Umläufe) kann man durch die kontinuierliche Variable t (benötigte Zeit) ersetzen. Hierbei gilt mit c als Lichtgeschwindigkeit

$$n = \frac{ct}{2L}. \tag{2.7}$$

Somit kann die Gl. 2.6 auch in der zeitlichen Form

$$I_t \approx \exp\left[-\frac{c}{L}(T + S + \sigma(\lambda)Nl)t\right] I_0^* \approx I_0^* \exp\left(-\frac{t}{\tau}\right) \tag{2.8}$$

formuliert werden, wobei τ die Abklingzeit des Resonators ist, welche auch „cavity ringdown time" genannt wird. Die Abklingzeit

$$\tau = \frac{L}{c(S+T+\sigma(\lambda)Nl)} \tag{2.9}$$

ist hierbei die Zeit, bei der die Intensität auf $1/e$ ihres Ausgangswertes I_0^* abgefallen ist.

Man sieht deutlich den Zusammenhang zwischen Absorption und Abklingzeit. Die Abklingzeit ist kürzer, wenn die Absorption größer ist. Somit könnte man die Abklingzeit in Abhängigkeit von der Wellenlänge als Spektrum auftragen. Meist wird allerdings der Verlust pro Umlauf (engl. loss per round trip: Γ) angegeben, welcher als

$$\Gamma = \left|\frac{I_1 - I_0^*}{I_0^*}\right| \approx \left|\frac{I_0^* \exp\left(\frac{2L}{c\tau}\right) - I_0^*}{I_0^*}\right| \tag{2.10}$$

definiert ist.

Für hochreflektierende Spiegel gilt weiterhin, dass die Abklingzeit viel länger ist als die Umlaufzeit im Resonator ($\tau \gg 2L/c$) und somit

$$\Gamma \approx \frac{2L}{c\tau} = 2(S + T + \sigma(\lambda)Nl) \tag{2.11}$$

folgt.

Vergleicht man die Verluste pro Umlauf mit der für konventionelle Absorptionsmessungen üblichen Angabe der dekadischen Extinktion $A = \sigma(\lambda)Nl \times \log(e)$, stellt man fest, dass sich die dekadische Extinktion direkt aus den Umlaufverlusten als

$$A \approx \frac{\Gamma - \Gamma_0}{2} \times \log(e) \tag{2.12}$$

ableiten lässt, wobei $\Gamma_0 = 2(S + T)$ die Umlaufverluste des leeren Resonators (ohne absorbierendes Medium) sind.

2.2.2 Experimentelle Umsetzung

Wie bereits erwähnt, besteht der einfachste Aufbau aus einem abstimmbaren gepulsten Laser, dem Resonator (gebildet aus zwei hochreflektierenden Spiegeln) und einer Detektions- und Auswerteelektronik. Die beiden Spiegel des Resonators sind üblicherweise konkav, wobei die Krümmungsradien der Spiegel r_1 und r_2 und die Resonatorlänge L aufeinander abgestimmt werden müssen. Der Quotient aus Resonatorlänge und Krümmungsradius definiert den Resonatorparameter g

$$g_i = 1 - \frac{L}{r_i}. \qquad (2.13)$$

Für einen stabilen Resonator muss die Bedingung

$$0 \leq g_1 g_2 \leq 1 \qquad (2.14)$$

erfüllt sein. Bei einem symmetrischen Resonator, bei welchem die beiden Krümmungsradien gleich groß sind ($r_1 = r_2 = r$), ergibt Gl. 2.14 somit einen Bereich für die Resonatorlänge von

$$0 \leq L \leq 2r. \qquad (2.15)$$

Die in der vorliegenden Arbeit verwendeten Spiegel und Resonatorlängen sind in Tab. 2.1 zusammengefasst.

Um vorwiegend eine wohldefinierte TEM$_{00}$-Mode in den Resonator einzukoppeln, wird der abstimmbare Laser auf eine sehr kleine Lochblende (Ø ≈ 57 µm) gerichtet. Hinter der Lochblende entsteht aufgrund von Beugung ein Interferenzmuster aus Kreisen, welche konzentrisch um den sogenannten Airy-Spot (nullte Beugungsordnung) angeordnet sind. Diese Interferenzen höherer Ordnung werden mit einer weiteren Lochblende, welche nur die nullte Ordnung durchlässt, ausgeblendet. Das Licht, das durch die zweite Lochblende kommt, wird mit einer Linse kollimiert und in den Resonator eingekoppelt.

Das Licht, welches durch den zweiten Spiegel aus dem Resonator austritt wird mit Hilfe eines Photomultipliers in ein elektrisches Signal umgewandelt und auf einem digitalen Oszilloskop dargestellt. Ein PC liest das Oszilloskop aus und kontrolliert außerdem die Wellenlänge des Farbstofflasers. Weiterhin berechnet der PC die Umlaufverluste, indem er einen exponentiellen Abfall an die Messkurve anpasst und die Abklingzeit τ bestimmt. Eine Untergrundkorrektur wird entweder durch einen Fit der Basislinie oder durch eine Vergleichsmessung ohne absorbierendem Medium durchgeführt.

Tab. 2.1: Verwendete Spiegel und Resonatorlängen.

Wellenlängenbereich (nm)	Wellenlänge mit maximaler Reflektivität (nm)	Maximale Reflektivität	Krümmungsradius (m)	Hersteller	Resonatorlänge (m)
250 – 300	275	> 0.995	2.5	Laser Optik, Deutschland	1
260 – 320	290	> 0.9998	6	JAE, Japan	1
297 – 353	320	> 0.998	2.5	Layertec, Deutschland	1
333 – 384	360	> 0.998	2.5	Layertec, Deutschland	1
370 – 430	400	0.99996	6	Los Gatos Research, USA	1

2.3 REMPI-Spektroskopie

Neben dem Quadrupol-Massenspektrometer (QMS) ist das Flugzeitmassenspektrometer (TOF-MS) heutzutage ein gängiges Gerät zur Aufnahme von Massenspektren. Während ein QMS eine kontinuierliche Ionenquelle besitzt, arbeitet ein TOF-MS mit gepulster Ionenquelle. Beim QMS wird meist durch Elektronenstoß ionisiert (Elektronenstoßionisation: EI), während es beim TOF-MS je nach Anwendung verschiedene Ionisierungsverfahren gibt. Als Beispiele seien Chemische Ionisierung (CI), Elektronenstoßionisierung (EI mit gepulstem Elektronenstrahl), MALDI (Matrix-Assisted Laser Desorption and Ionization) und Photoionisation (PI) mit einem gepulsten Laser genannt.

Bei Gasphasenanalysen mit einem TOF-MS wird meistens EI oder PI verwendet. EI hat den Vorteil, dass es für viele Stoffe Referenzmassenspektren in diversen Datenbanken gibt und bei Stoffgemischen alle Stoffe in etwa mit gleicher Wahrscheinlichkeit ionisiert werden. Ein Nachteil ist allerdings die relativ starke Fragmentation der zu untersuchenden Moleküle, da meist mit 70 – 100 eV-Elektronen ionisiert wird. Aus diesem Grund wird sie vorwiegend zur Analyse von Stoffgemischen bekannter Substanzen eingesetzt. Die PI wird meist mit Lasern und als MPI (Multi-Photon Ionization) durchgeführt. Dies hat den Vorteil, dass die Ionisierung relativ schonend (also mit geringer Fragmentierung) und selektiv erfolgen kann. Weiterhin kann man bei Verwendung der MPI mit einem durchstimmbaren Laser Informationen über das Absorptionsverhalten der zu untersuchenden Moleküle erhalten (durch Resonance-Enhanced MPI: REMPI).

Bei der spektroskopischen Anwendung von REMPI wird das Ionensignal bei der Masse des einfach ionisierten und unfragmentierten Moleküls in Abhängigkeit von der Anregungswellenlänge gemessen. Hierbei wird ausgenutzt, dass die Ionisierungswahrscheinlichkeit und somit auch das Ionensignal ansteigen, wenn eine starke Absorption vorliegt, weshalb die Methode auch resonanzunterstützte Photoionisation genannt wird. Auf diese Weise erhält man das Absorptionsspektrum des untersuchten Moleküls, wobei nicht direkt die Absorption gemessen wird, sondern diese durch einen zusätzlichen Schritt, nämlich die Ionisation durch Absorption eines weiteren Photons, nachgewiesen wird. Dieser zweite Schritt kann allerdings das Absorptionsspektrum verfälschen. Lässt sich zum Beispiel ein Molekül nicht aus dem angeregten Zustand ionisieren, wird es im Spektrum nicht nachgewiesen und somit die Absorption als Null gemessen.

Zusätzlich muss beachtet werden, dass REMPI nur angewendet werden kann, wenn die Lebensdauer des resonant angeregten Zwischenzustandes mindestens so groß wie die Pulsdauer des verwendeten Anregungslasers ist. Wenn das Molekül sehr schnell in einen anderen elektronischen Zustand wechselt, von dem aus die Absorption eines weiteren Photons nicht effizient zur Ionisation führt, kann diese Methode nicht angewendet werden.

Ein Vorteil gegenüber der CRDS ist die deutlich höhere Empfindlichkeit der REMPI-Methode, bei der sogar einzelne Ionen nachgewiesen werden können, während bei der CRDS die Absorption mindestens mehrere ppm (10^{-6}) groß sein muss, um nachgewiesen werden zu können. Aufgrund dieser höheren Empfindlichkeit reichen bei der REMPI-Spektroskopie geringere Konzentrationen aus und somit wird auch weniger Material verbraucht.

Ein weiterer Unterschied ist, dass beim Vorhandensein von Molekülgemischen (z.B. durch Komplexbildung) bei der CRDS die Absorptionsbanden der einzelnen Moleküle in einem Spektrum überlagert sind, während die REMPI-Spektroskopie zwischen Molekülen mit unterschiedlichen Massen unterscheiden und von ihnen gleichzeitig jeweils ein Absorptionsspektrum messen kann. Hierbei ist allerdings zu beachten, dass es nur dann funktioniert, wie die Masse des Molekülions einer Substanz nicht mit der Masse des Molekülions bzw. eines Fragmentions einer anderen Substanz übereinstimmt. In einem solchen Fall der Korrelation zweier Massen würde man auch mit REMPI eine Überlagerung der einzelnen Spektren erhalten, welche allerdings durch den Anteil der einzelnen Substanzen am entsprechenden Massenpeak gewichtet ist.

Ein Nachteil von REMPI ist, dass das Ionensignal nicht nur von der Wellenlänge, sondern auch von der verwendeten Laserintensität abhängt. Somit wirken sich Schwankungen in der Laserintensität direkt auf das gemessene Spektrum aus und verfälschen die relativen Absorptionsintensitäten. Weiterhin hängt auch die Fragmentierung der Molekülionen von der Laserintensität ab. Bei erhöhter Laserenergie können die Molekülionen wiederum Photonen absorbieren, was zur verstärkten Fragmentierung derer führt. Bei genügend hoher Laserenergie können die Fragmentionen ihrerseits Photonen absorbieren und weiter fragmentieren. Der Zusammenhang zwischen Ionisationslaserenergie und Fragmentierung wird im Leiter-Wechsel-Modell (engl. ladder-switching-model) beschrieben. Dieses Modell basiert auf der Annahme, dass die Dissoziation eines Molekülions schneller von statten geht als die Absorption eines weiteren Photons. Der größte Nachteil ist jedoch, dass viele Moleküle gar nicht bzw. nur mit sehr aufwendigen Lasersystemen angeregt werden können.

Das ionisierende zweite Photon kann bei dieser Methode vom selben Laser wie das resonante erste Photon stammen. Dies wird als Einfarben-REMPI bezeichnet. Es kann auch ein zweiter Laser mit einer anderen Wellenlänge, welche zu einem maximalen Ionensignal führt, verwendet werden, was als Zweifarben-REMPI bezeichnet wird. Im Gegensatz zur Einfarben-REMPI, bei der durch Variation der Anregungswellenlänge Informationen über die elektronische Struktur des Moleküls erhalten werden kann, kann man mit der Zweifarben-REMPI durch Variation der Ionisationswellenlänge auch die elektronische Struktur und Vibrations-Struktur des Ions untersuchen. Wenn die Zweifarben-REMPI mit einer intelligenten Detektions-Elektronik verbunden wird, können die Molekülionen in verschiedenen Vibrationszuständen unterschieden werden und man erhält ein klares Bild der Vibrationsstruktur der Ionen. Eine Komplikation bei der Verwendung von zwei Lasern ist allerdings, dass beide Laser sowohl räumlich als auch zeitlich genau aufeinander abgestimmt werden müssen, um ein maximales Ionensignal zu erhalten. Zum Vermessen des angeregten Zwischenniveaus wird die Wellenlänge des Ionisationslasers konstant gehalten und die des Anregungslasers wie bei der Einfarben-REMPI variiert.

Die Zweifarben-REMPI kann auch zur Ermittlung der Ionisationsenergie verwendet werden. Hierbei wird der Anregungslaser auf eine resonante Wellenlänge abgestimmt und die Laserenergie soweit reduziert, dass keine Ionen mehr detektiert werden. Der Ionisationslaser, welcher mit einer nichtresonanten Wellenlänge betrieben wird, wird nun mit dem Anregungslaser in Ort und Zeit überlagert, so dass ein intensives Ionensignal erzeugt wird. Stimmt man den Ionisationslaser zu längeren Wellenlängen durch, so sinkt das Ionensignal ab, bis es letztendlich beim Unterschreiten der Ionisationsgrenze ganz verschwindet.

Neben REMPI ist die laserinduzierte Fluoreszenz (LIF) eine weitere sensitive indirekte Methode der Absorptionsmessung. Hierbei werden die Moleküle mit einem durchstimmbaren Laser zum Leuchten angeregt. Die Signalintensität des Leuchtens ist hierbei ein Maß für die Absorption. Die Intensität der Fluoreszenz hängt allerdings auch direkt von der verwendeten Laserintensität ab. Außerdem ist es möglich, dass es nichtstrahlende Rekombinaton bzw. nichtstrahlende Übergänge gibt, welche die Fluoreszenz verringern (quenchen) und somit das Spektrum im Vergleich zur direkten Absorption verfälschen. Da diese Methode nicht Bestandteil dieser Arbeit war, soll auch nicht weiter auf sie eingegangen werden.

3 Simulation astrophysikalisch relevanter Bedingungen im Labor

Im interstellaren Medium liegen die Moleküle in der Gasphase vor und wechselwirken nicht miteinander. Weiterhin sind die Temperaturen sehr niedrig, so dass davon ausgegangen wird, dass die Moleküle vibrationslos und rotationsmäßig kalt im elektronischen Grundzustand vorliegen. Astrophysikalisch relevante Bedingungen sind daher durch niedrige Temperatur sowie geringe Dichte (bzw. keine Wechselwirkung zwischen den Molekülen und der Umgebung) ausgezeichnet und die Moleküle müssen in der Gasphase vorliegen.

Die wechselwirkungsfreien Bedingungen können mit der Molekularstrahltechnik umgesetzt werden. Hierfür benötigt man lediglich eine Molekularstrahlquelle, in welcher die Moleküle in die Gasphase gebracht werden und eine Vakuumkammer, um die wechselwirkungsfreie Umgebung zu realisieren. Man unterscheidet zwei Klassen von Molekularstrahlen, den effusiven Strahl und den Überschallmolekularstrahl. Beim effusiven Strahl ist der Druck in der Quelle so niedrig, dass beim Austreten der Moleküle durch eine Öffnung in der Quelle keinerlei Stöße stattfinden. Somit findet aber auch keine Abkühlung der Moleküle statt. Dies ist bei einem Überschallmolekularstrahl (auch Düsenstrahl genannt) anders. Beim Erhöhen des Druckes in der Quelle treten molekulare Stöße auch nach dem Austritt aus der Düse auf, so dass sich eine hydrodynamische Kontinuumsströmung in das Umgebungsvakuum entwickelt [51]. Die rasche Expansion führt zu einer Umwandlung der thermischen Energie in eine gerichtete Strömungsbewegung, bei der gleichzeitig die innere Temperatur adiabatisch abkühlt [52, 53]. In dieser Situation ist kein thermisches Gleichgewicht mehr vorhanden und man unterscheidet zwischen der Translationstemperatur T_{kin}, der Rotationstemperatur T_{rot} und der Vibrationstemperatur T_{vib}. Da die Vibrationsschwingungen schlechter relaxieren als die Rotationen, gilt $T_{vib} > T_{rot}$. Weiterhin ist, aufgrund der geringen Geschwindigkeitsdivergenz, die Translationstemperatur ebenfalls sehr klein. Üblicherweise gilt $T_{vib} > T_{rot} > T_{kin}$. Die Geschwindigkeit der Moleküle kann hierbei in einem grossen Bereich variiert werden, indem man die Moleküle mit einem Trägergas mischt, welches leichter oder schwerer ist. Ist der Partialdruck der Moleküle deutlich kleiner als der Druck des Trägergases, nehmen die Moleküle am Ende der Expansion die Geschwindigkeit des Trägergases an. Auch Moleküle, welche nur schwer einen Überschallstrahl bilden können, werden mit einem Trägergas gemischt und zusammen mit diesem expandiert. Dies ist z.B. der Fall, wenn das Molekül nur in einer geringen Menge vorliegt oder der Dampfdruck zu niedrig für eine eigene Überschallexpansion ist.

Die Expansion selber kann in mehrere Bereiche unterteilt werden. Der für die Untersuchungen an kalten, isolierten Molekülen wichtige Bereich wird „zone of silence" genannt.

Nach einigen Düsendurchmessern finden in diesem Bereich nur noch sehr wenige Stöße zwischen den Molekülen statt. Die „zone of silence" ist auf eine Entfernung von

$$x_m = 0.67d \sqrt{P_0/P_b} \qquad (3.1)$$

hinter der Düse beschränkt. Hierbei stehen P_0 für den Druck in der Düse, P_b für den Untergrunddruck in der Vakuumkammer und d für den Durchmesser der Düse. In diesem Bereich sind somit die astrophysikalisch relevanten Bedingungen annähernd erfüllt. Für die in den vorliegenden Experimenten üblichen Bedingungen ($P_0 \approx 1$ bar, $P_b \approx 10^{-3}$ mbar und $d \approx 1$ mm) ist somit die „zone of silence" auf einen Abstand von $x_m \approx 67$ cm beschränkt, was deutlich größer als die in der Apparatur möglichen Detektionsabstände (< 5 cm) ist.

Um Substanzen, welche bei Raumtemperatur in der festen Phase vorliegen, in die Gasphase zu bringen und anschließend in einer Überschallexpansion abzukühlen, wird zum Einen das thermische Aufheizen der Substanz in einer geheizten Quelle verwendet. Zum Anderen kann auch mit einem Laser das Material verdampft werden (Laserverdampfungsquelle). Beide Arten von Quellen werden im Folgenden näher erläutert.

3.1 Geheizte Quelle

Das einfache thermische Aufheizen ist vor allem bei Molekülen gut geeignet, welche bei moderaten Temperaturen (< 500 °C) einen relativ hohen Dampfdruck aufweisen und bei den zu verwendenden Temperaturen auch stabil sind. Somit ist die geheizte Quelle gut geeignet um z.B. kleine bis mittelgroße PAHs zu untersuchen [13, 54].

Ein typischer Aufbau wird in einem späteren Kapitel (Abschnitt 5.1.3.a) vorgestellt. Die Quelle besteht im Wesentlichen aus drei Teilen. Dies sind der Stößel zum Öffnen und Schließen der Düse, die Führung des Stößels und der aufheizbare Bereich mit Substanzhalter und Düse. Durch Erhöhen der Temperatur erhöht sich auch der Dampfdruck der zu untersuchenden Substanz. Im Inneren der Quelle befindet sich weiterhin ein Edelgas (He, Ne oder Ar) unter hohem Druck (> 1 bar), welches sich mit dem zu untersuchenden Molekül mischt. Beim Öffnen der Düse expandiert das Gasgemisch in Form eines Überschallmolekularstrahls, wobei sich die Moleküle abkühlen. Mit einer solchen Quelle können sehr gut gekühlte Moleküle untersucht werden. Es können leicht Rotationstemperaturen von < 10 K erreicht werden [13].

3.2 Laserverdampfungsquelle

Bei Molekülen, welche sich nur schwer thermisch verdampfen lassen bzw. welche thermisch sehr labil sind, verwendet man üblicherweise Laserverdampfungsquellen. Hierbei wird die zu untersuchende feste Substanz mit einem Laser kurzzeitig (für einige µs) auf sehr hohe Temperaturen (einige 1000 Kelvin [55]) aufgeheizt, wodurch ein Teil der Substanz in die Gasphase übergeht. Durch dieses sehr kurzzeitige Aufheizen zerfällt auch nur ein kleiner Anteil thermisch instabiler Moleküle.

Es gibt zwei Möglichkeiten die Laserverdampfung mit einem Überschallmolekularstrahl zu kombinieren. Entweder findet die Verdampfung in der Quelle bzw. im Düsenkanal statt oder die Verdampfung wird außerhalb der Quelle kurz hinter der Düse (Abstand $x < 2d$) durchgeführt. Die spektroskopischen Untersuchungen der verdampften und abgekühlten Substanzen wurden häufig mittels REMPI [56, 57, 58, 59, 60, 61, 62, 63] oder LIF [58, 64, 65, 66, 67, 68, 69, 70] und nur selten mit CRDS [71, 72, 73, 74] vorgenommen. Dies liegt daran, dass sowohl für REMPI als auch LIF relativ kleine Mengen an Substanz benötigt werden, da sie deutlich sensitiver sind als CRDS. Zusätzlich ist CRDS umso empfindlicher, je länger das Zeitintervall gewählt werden kann, in dem die Abklingkurve ausgewertet wird (möglichst $\gg$ 10 µs). Die Verdampfung hält für einige µs an, was somit nicht ideal für CRDS-Messungen ist. Ein weiterer Vorteil von REMPI gegenüber den beiden anderen Methoden ist die Massenselektivität durch die gleichzeitige Aufnahme eines Massenspektrums. Dies ist vor allem bei Molekülgemischen vorteilhaft, oder wenn in der Expansion Clusterbildung stattfindet.

Die wohl bekanntesten Laserverdampfungsquellen in Kombination mit einer Überschallexpansion sind die Clusterstrahlquellen, welche in der Gruppe von Smalley entwickelt wurden (Abb. 3.1 (a) [75, 76] und (b) [76]). Bei diesen Quellen findet die Verdampfung innerhalb der Düse statt. Die Gruppe um Smalley hatte mit ihnen vor allem Metallcluster untersucht. Sie studierte aber auch Kohlenstoffcluster. Hierfür wurde Kohlenstoff von einem Graphitstab mittels Laser verdampft, wobei dann während der Abkühlung Kohlenstoffcluster gebildet werden. Die Aggregate im Clusterstrahl wurden mittels TOF-MS untersucht. Auf diese Weise wurden die im Vergleich zu anderen Kohlenstoffclustern besonders stabilen Fullerene (z.B. C_{60}) [77] entdeckt, wofür Smalley, Kroto und Curl 1996 den Nobelpreis für Chemie erhielten.

Die andere Art der Kombination (Laserverdampfung außerhalb der Düse) wurde von Piuzzi *et al.* [78] im Jahr 2000 in einem Artikel als einfach zu realisierende Methode vorgestellt (Abb. 3.1(c)). Hierbei wird die zu untersuchende Substanz zu einer Tablette gepresst und in einem möglichst kleinen Abstand zur Expansionsdüse montiert. Wenn die Düse sich öffnet, wird ein Nd:YAG-Laser auf die Tablette fokussiert, wobei er die zu untersuchenden Moleküle verdampft. Piuzzi *et al.* untersuchten u.a. das Biomolekül Tryptophan, welches thermisch leicht zerstörbar ist. Um den Laser in die Vakuumkammer so dicht wie möglich an die Düse heran zu führen, verwendeten sie eine Lichtleitfaser. Somit war es nur möglich, von den Harmonischen des Nd:YAG-Lasers die zweite Harmonische bei 532 nm zu verwenden. Da viele Biomoleküle bei dieser Wellenlänge aber nur schlecht absorbieren, verwendeten die Autoren Graphit als Matrixmaterial, um das Laserlicht zu absorbieren und die Verdampfung von Tryptophan zu unterstützen. Zur Analyse des Düsenstrahls wurden auch hierbei TOF-MS und REMPI verwendet. Es wurde gezeigt, dass mit dieser Vorgehensweise nur in relativ geringem Maße Dekomposition von Tryptophan stattfindet.

Vergleicht man nun die beiden Realisierungen einer Laserverdampfungsquelle, so stellt man fest, dass die interne Laserverdampfung eine bessere Kühlung der Moleküle verspricht, da die gesamte Abkühlung des Düsenstrahls ausgenutzt wird. Allerdings bedeutet dies auch eine verstärkte Tendenz zur Clusterbildung [63]. Außerdem ist es sinnvoll, bei jedem Laserschuss auf eine frische Stelle der Probe zu schießen. Hierfür ist es nötig, die Probe zu bewegen. Da für eine interne Quelle dabei ein Stab aus dem Probenmaterial benötigt wird, ist die Probenpräparation relativ aufwendig. Bei der externen Quelle reicht hingegen eine dünne Tablette (< 2 mm dick) oder gar eine kompakte Schicht (< 1 mm dick) aus, was für die meisten Materialien relativ einfach zu realisieren ist.

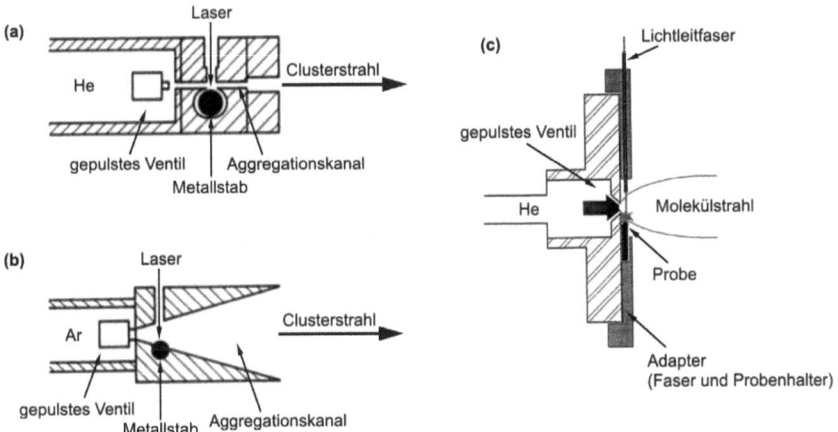

Abb. 3.1: Aufbau verschiedener Laserverdampfungsquellen nach Smalley et al. (a) [75, 76] & (b) [76] und Piuzzi et al. (c) [78].

4 Molekülspektroskopie

In den Kapiteln zuvor haben wir Absorptionsmessungen im Allgemeinen und die Erzeugung von Molekularstrahlen erörtert. Dieses Kapitel beschäftigt sich nun mit der Beschreibung der zu erwartenden Absorptionsspektren für Moleküle und Cluster. Es wird auf die zu vermessenden Übergänge und den Einfluss der unterschiedlichen Temperaturen für Rotation und Vibration eingegangen. Anschließend wird der Unterschied der Wellenlänge für Vakuum und Luft aufgezeigt. In diesem Zusammenhang wird auch darauf beschrieben, wie in den vorliegenden Experimenten die Wellenlänge für Vakuum kalibriert und daraus die Wellenlänge für sogenannte Standardluft berechnet wird.

4.1 Energieniveaus und rovibronische Übergänge

Bei Atomen existieren im Absorptionsspektrum nur wohldefinierte elektronische Übergänge (Anregung eines Elektrons). Da in Molekülen zusätzlich Vibrationen und Rationen angeregt werden können, wird das Spektrum deutlich komplexer. Hierbei ist zu beachten, dass die Vibrationsenergien typischerweise deutlich größer sind als die Rotationsenergien. Somit sind auch die Vibrationsenergieniveaus energetisch deutlich weiter separiert als die Rotationsenergieniveaus. Besonders bei größeren Molekülen rücken die Rotationsniveaus so dicht zusammen, dass sie bei Verwendung von gepulsten Lasern meist nicht mehr aufgelöst werden können und somit aus Absorptionslinien Absorptionsbanden werden.

Inwiefern hat nun aber die Temperatur der Moleküle einen Einfluss auf das Absorptionsspektrum? Diese Frage lässt sich leicht beantworten, wenn man bedenkt, dass die Population $N(E_i)$ der einzelnen Energieniveaus E_i bei einer Temperatur T gemäß der Boltzmannstatistik

$$N(E_i) = \frac{N}{Z} g_i \exp\left(-\frac{E_i - E_0}{k_B T}\right) \qquad (4.1)$$

ist, wobei E_0 die Energie des Grundzustandes, N die Gesamtteilchenzahl, g_i die Entartung des Energieniveaus E_i, k_B die Boltzmannkonstante und

$$Z = \sum_i g_i \exp\left(-\frac{E_i - E_0}{k_B T}\right) \qquad (4.2)$$

die Zustandssumme sind. Diese Statistik gilt sowohl für die elektronischen Energien, als auch für die Vibrations- und Rotationsenergien, wobei auch hier wieder die unterschiedlichen Energiedifferenzen für die verschiedenen Energien zu berücksichtigen sind. Eine hohe Molekültemperatur wirkt sich vor allem auf die Besetzung von höheren Vibrationsniveaus (Quantenzahl v) und Rotationsniveaus (Quantenzahl J) aus. Erst bei sehr hohen Temperaturen werden auch die höher liegenden elektronischen Energieniveaus (Quantenzahl n) thermisch besetzt. Für optische Übergänge, bei denen alle drei Quantenzahlen beteiligt sind (sogenannte rovibronische Übergänge), gelten die Auswahlregeln

$\Delta J = \pm 1$ oder 0 aber nicht von $J_0 = 0$ nach $J_1 = 0$.

Übergänge mit $\Delta J = -1$ bilden den sogenannten P-Zweig, während solche mit $\Delta J = +1$ zum R-Zweig gehören. Die verbleibenden Übergänge ($\Delta J = 0$) bilden den Q-Zweig der Absorptionsbande.

Der Grundzustand vieler größerer neutraler Moleküle ist ein sogenannter Singulett-Zustand (S_0). Viele einfach positiv geladene Molekülionen besitzen hingegen einen Dublett-Grundzustand (D_0). Eine weitere Auswahlregel besagt, dass optische Übergänge zwischen Singulett-Zuständen und Dublett-Zuständen verboten sind. Somit werden bei Absorptionsmessungen nur Übergänge von z.B. S_0 nach S_1, S_2 usw. ($S_1 \leftarrow S_0$, $S_2 \leftarrow S_0$ usw.) beobachtet.

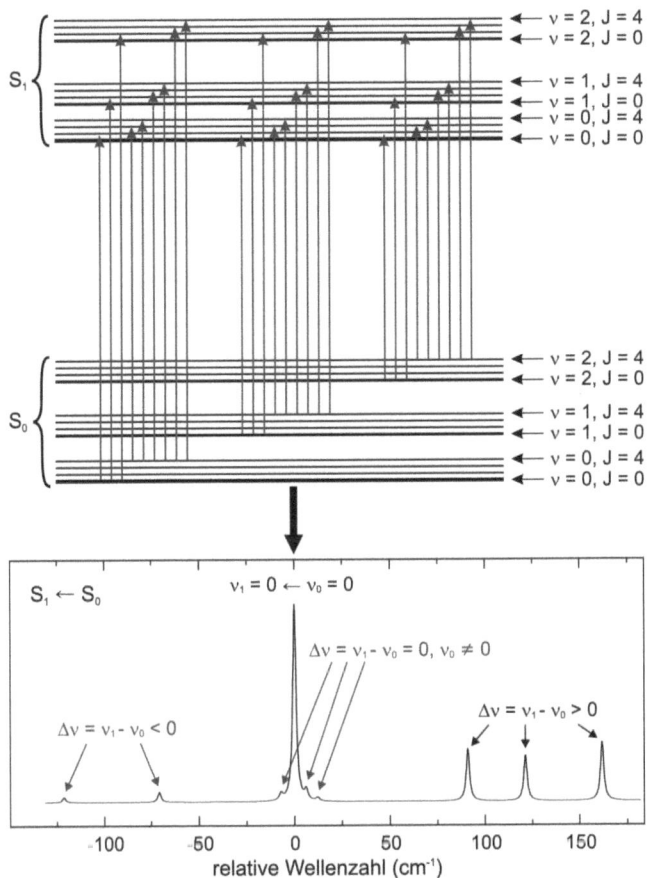

Abb. 4.1: Abstrahiertes Energieniveauschema mit einigen möglichen Übergängen (oben) und ein schematisch Spektrum mit Beschriftung der unterschiedlichen Arten von Übergängen. Die Indizes beziehen sich auf die elektronischen Zustände S_0 und S_1.

Übergänge, welche von angeregten Vibrationsniveaus im elektronischen Grundzustand ausgehen und bei denen sich die Vibrationsquantenzahl nicht ändert ($\Delta v = v_1 - v_0 = 0$, $v_0 \neq 0$), werden Sequenzbanden genannt. Die Namensgebung basiert auf der Tatsache, dass sie quasi eine Sequenz der Ursprungsbande ($v_1 = 0 \leftarrow v_0 = 0$) darstellen. Da die Vibrationsenergien im elektronisch angeregten Zustand durchaus unterschiedlich von denen im Grundzustand sein können, befinden sich die Sequenzbanden vorwiegend in einem Bereich um die Ursprungsbande.

Es gibt auch Übergänge, welche ebenfalls von vibrationsangeregten Zuständen im elektronischen Grundzustand ausgehen und bei denen sich die Vibrationsquantenzahl verringert ($\Delta v < 0$, $v_0 \neq 0$). Solche Übergänge werden heiße Banden genannt und sie befinden sich energetisch unterhalb der Ursprungsbande.

Werden Moleküle z.B. in einem Überschallmolekularstrahl gekühlt, werden nur noch Rotationsniveaus mit niedrigen Quantenzahlen J besetzt, wodurch die gemessenen Absorptionsbanden schmaler werden. Weiterhin werden nur niedrig liegende Vibrationsniveaus thermisch besetzt, wodurch nur wenige heiße Banden und Sequenzbanden im Spektrum erscheinen. Zur Veranschaulichung wird dieser Sachverhalt in Abb. 4.1 als Spektrum und als Energieniveauschema dargestellt. Hierin sind auch Übergänge dargestellt, bei welchen sich die Vibrationsquantenzahl erhöht ($\Delta v > 0$), was mit einer Anregung von Schwingungen gleichbedeutend ist. Diese Übergänge befinden sich energetisch immer oberhalb der Ursprungsbande.

4.2 Wellenlängenkalibrierung

Astrophysikalische Spektren sind meist für Luft statt für Vakuum kalibriert, wobei

$$\lambda_{\text{Luft}} = \lambda_{\text{Vakuum}} / n_{\text{Luft}} \tag{4.3}$$

mit dem Brechungsindex von Luft, n_{Luft}, gilt. Hierbei wird allerdings meist nicht angegeben, was unter Luft verstanden wird. Der Brechungsindex variiert je nach Zusammensetzung (insbesondere Luftfeuchtigkeit) und Druck der Luft. Er beträgt z.B. auf Meeresniveau durchschnittlich 1.00029 und in etwa 8 km Höhe 1.00011. Dies klingt zwar nach einer vernachlässigbar kleinen Veränderung gegenüber dem Brechungsindex für Vakuum (1.00000), allerdings bewirkt diese Veränderung eine Variation der Wellenlänge um z.B. -0.116 nm (auf Meeresniveau) bzw. -0.044 nm (in 8 km Höhe) bei einer Vakuumwellenlänge von 400 nm. Die in 8 km Höhe erhaltene Abweichung entspricht in etwa der typischen Breite der in dieser Arbeit vermessenen Absorptionsbanden (2.5 cm^{-1} bei 25 000 cm^{-1}). Zusätzlich gibt es in Luft Dispersion. Dies bedeutet, dass der Brechungsindex von der Wellenlänge abhängig ist. Für Standardluft bei 15 °C und einem Druck von einer Atmosphäre findet man in der Literatur [79] die Dispersionsrelation

$$[n(\lambda) - 1]_s = \left(83.4305 + \frac{24062.94}{130-\lambda^{-2}} + \frac{159.99}{38.9-\lambda^{-2}}\right) \times 10^{-6}, \tag{4.4}$$

wobei die Wellenlänge λ in µm einzusetzen ist. Trockene Standardluft besteht hierbei aus 78.078 Vol.-%[1] Stickstoff, 20.947 Vol.-% Sauerstoff, 0.930 Vol.-% Argon und 0.045 Vol.-% Kohlendioxid.

Ein weiteres Problem ist die Tatsache, dass in den meisten astrophysikalischen Veröffentlichungen die Kalibrierungsmethode nicht angegeben wird. Ein Abgleich der Wellenlängen ist somit selbst mit Gl. 4.4 nur schwer möglich. Trotzdem wird in dieser Arbeit die in der Astrophysik übliche Notation verwendet. Dies bedeutet, dass die Wellenlänge immer für trockene Standardluft verwendet wird und die Wellenzahl ($\tilde{\nu} = 1/\lambda$) immer für Vakuum. Die Wellenlänge wird hierfür mit Hilfe der Gleichungen 4.3 und 4.4 berechnet. Zur Berechnung des Brechungsindexes wird hierbei die kalibrierte Vakuumwellenlänge eingesetzt.

---

[1] Vol.-% steht für Volumenprozent

5 Experimenteller Aufbau

In diesem Kapitel werden die beiden verwendeten Versuchsaufbauten näher beschrieben. Dies ist zum Einen der in unserer Gruppe vorhandene CRDS-Aufbau und zum Anderen der bei unserem Kooperationspartner in Saclay (Frankreich) vorhandene REMPI-Aufbau.

5.1 CRDS-Apparatur

Der schematische CRDS-Aufbau ist in Abb. 5.1 dargestellt. Er besteht aus einem gepulsten abstimmbaren Farbstofflaser, einer Vakuumkammer (mit den Resonator-Spiegeln und der Molekularstrahlquelle) und der Detektions- und Auswerteelektronik.

Als Molekularstrahlquelle wurde eine geheizte Quelle oder eine Laserverdampfungsquelle verwendet. In der Arbeit wurden sowohl eine externe Laserverdampfungsquelle (mit der Verdampfung vor der Düse, im Folgenden als „Piuzzi-Quelle" bezeichnet) und eine interne Laserverdampfungsquelle (mit der Verdampfung innerhalb der Düse, im Folgenden als „Smalley-Quelle" bezeichnet) entworfen und deren mögliche Nutzung in Kombination mit der CRDS-Technik getestet.

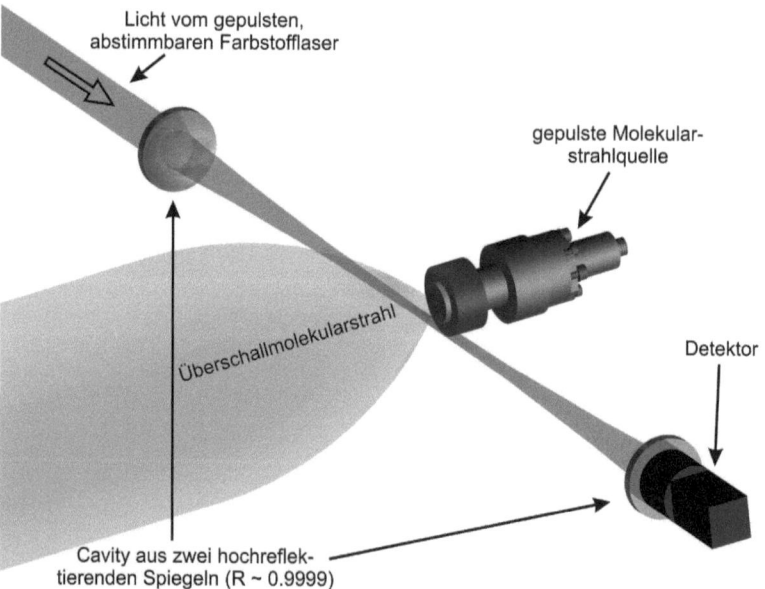

Abb. 5.1: Schematischer CRDS-Aufbau mit gepulster Molekularstrahlquelle. Auf die Darstellung der Vakuumkammer wurde aufgrund der Übersichtlichkeit verzichtet. Diese befindet sich zwischen den beiden Spiegeln und beinhaltet die gepulste Molekularstrahlquelle und den Überschallmolekularstrahl.

5.1.1 Lasersystem

Der verwendete Farbstofflaser (Continuum ND6000) wird mit der zweiten Harmonischen eines Nd:YAG-Lasers (Continuum Surelite II-20) gepumpt und anschließend in einer Verdopplungseinheit (Continuum UVT) frequenzverdoppelt. Zur Wellenlängenkalibrierung wird vor der Verdopplung ein Teil des Lichtes in eine Hohlkathodenlampe (Hamamatsu L233-26NU) geschickt. Zur Kalibrierung stehen in den meisten Wellenlängenbereichen mehrere Emissionslinien von angeregtem Neon zur Verfügung, von denen die exakte Wellenlänge in Vakuum aus der „NIST Atomic Spectra Database" [80] entnommen werden kann. Nach der Verdopplung wird das Licht, wie in Abschnitt 2.2.2 beschrieben, in den Resonator eingekoppelt. Für die Detektion des aus dem Resonator austretenden Lichtes dient ein Photomultiplier (Hamamatsu H6780-04 bzw. H6780-02). Für die Analyse wird das Photomultipliersignal auf einem Digitaloszilloskop (Tektronics TDS3052) dargestellt, welches von einem PC ausgelesen wird. Auf dem PC wird das Mess- und Kontrollprogramm ausgeführt, welches mit LABVIEW programmiert wurde. Dieses Programm kontrolliert neben der Auswertung des Oszilloskop-Signals die Wellenlängenverschiebung des Farbstofflasers und zeichnet parallel das Signal der Hohlkathodenlampe auf, welches mit einem BOXCAR-Integrator (Stanford Research Systems SR250) zusammen mit einem Analog-Digitalwandler (Stanford Research Systems Computer Interface SR245) aufbereitet wird. Der schematische Aufbau ist in Abb. 5.2 dargestellt.

Für die Laserverdampfung wird ebenfalls ein Nd:YAG-Laser (Continuum Minilite 2) mit einer Repetitionsrate von 20 Hz verwendet. Die Leistung dieses Lasers kann sowohl intern

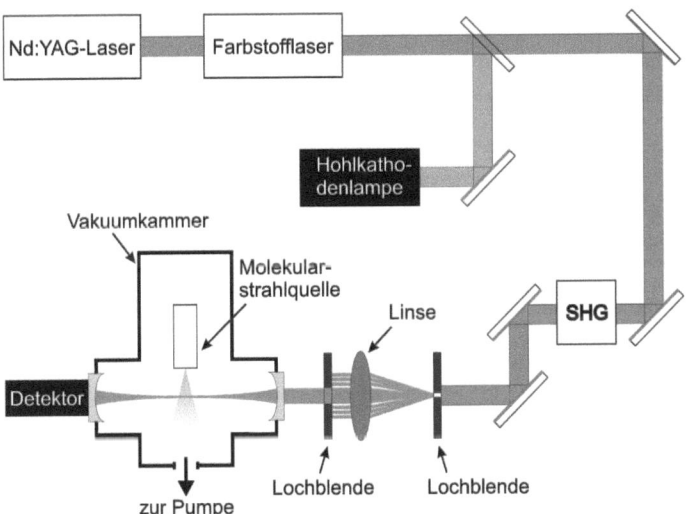

Abb. 5.2: Schematischer Strahlengang der CRDS-Apparatur.

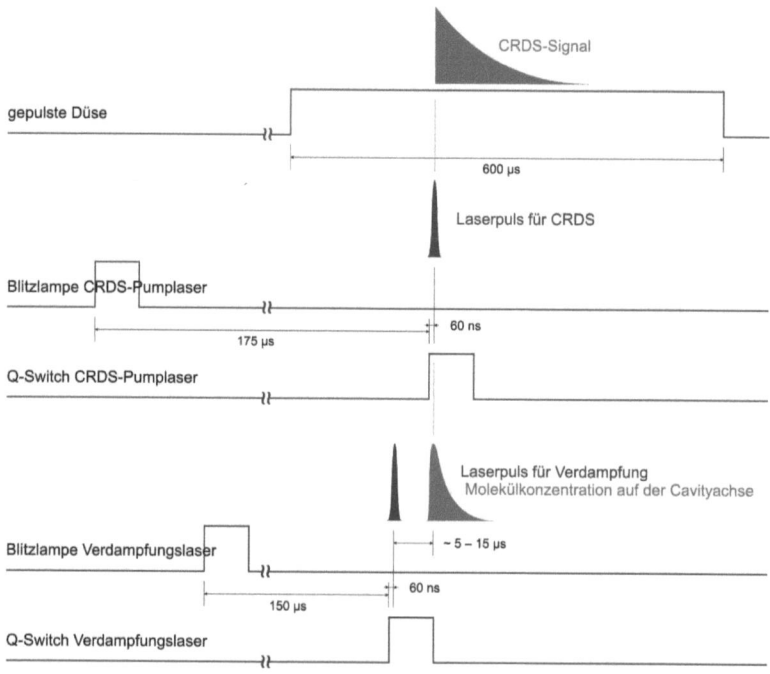

Abb. 5.3: Triggerschema mit Verdampfungslaser, CRDS-Laser, gepulster Quelle und den zeitlichen Verläufen der Laserpulse bzw. Signale.

als auch extern mit einem Polarisator reduziert werden. Für die externe Reduzierung wird ein Glan-Laserpolarisator (auf Basis eines Glan-Taylor-Prismas) verwendet. Die Energie wird direkt über der Vakuumkammer mit einem Leistungsmesser (Scientech Astral AA30) gemessen. Der Laserstrahl wird mit der gewünschten Größe auf die Probenoberfläche fokussiert.

Für die Synchronisierung der einzelnen Komponenten wird ein Delay/Pulsgenerator (Stanford Research Systems DG 535) verwendet. Das hierbei verwendete Triggerschema ist in Abb. 5.3 dargestellt.

5.1.2 Vakuumsystem

Es wurde eine einfache Vakuumkammer verwendet, welche mit einer Wälzkolbenpumpe (Alcatel RSV350) und einer Drehschieberpumpe (Alcatel 2063) als Vorpumpe auf einen Basisdruck von 10^{-3} mbar evakuiert werden kann. Nach oben ist die Kammer mit einem Plexiglasdeckel geschlossen, in welchem ein Quarzfenster für den Verdampfungslaserstrahl (bzw. der Möglichkeit eines LIF-Aufbaus) eingebaut ist. Auf der Resonator-Achse sind die beiden hochreflektierenden Spiegel in verstellbaren Haltern zur Justierung der

Spiegel eingesetzt und schließen die Kammer ab. In diese Kammer ist die Molekularstrahlquelle an einem höhenverstellbaren Halter befestigt, wobei auch der Abstand zwischen Quelle und Resonator-Achse von außen verändert werden kann.

5.1.3 Molekularstrahlquellen

5.1.3.a Geheizte Quelle

Die verwendete geheizte Quelle ist in Abb. 5.4 dargestellt. Die Probe wird als Pulver in den Probenhalter gefüllt. Ein ringförmiges Heizelement (Firma Watlow) heizt die Probe auf und erhöht somit den Dampfdruck des zu untersuchenden Moleküls. Die verdampften Moleküle mischen sich mit dem Puffergas (Ar oder He) und werden durch die Düse ins Vakuum expandiert. Die Düse wird mit einem Stößel verschlossen und für 400 – 600 µs geöffnet. In der Expansion werden die Moleküle dann abgekühlt. Die abgekühlten Moleküle werden in einem Abstand x zur Düse von typischerweise x = 4 mm mittels CRDS untersucht. Die Temperatur des Heizelements und damit auch der Düse kann mit einer selbstgebauten Temperaturregeleinheit auf 1 °C genau eingestellt und während der Messung konstant gehalten werden. Die mit O-Ringen abgedichteten hinteren Teile der Quelle werden mit einer Wasserkühlung auf Temperaturen unter 80 °C gehalten. Die Länge des Stößels kann an die Quelle angepasst werden. Er wird mit einer kommerziellen gepulsten Düse (Parker General Valve Series 9) gesteuert.

5.1.3.b Piuzzi-Quelle

Die externe Laserverdampfungsquelle nach dem Vorbild von Piuzzi et al. [78] ist schematisch in Abb. 5.5 zu sehen. Hierbei wird die zu einer Tablette (Ø 12 mm, ca. 2 mm dick) gepresste Probe außerhalb der gepulsten Düse (Parker General Valve Series 9) dicht an der Düsenöffnung eingebaut. Wenn die Düse geöffnet wird, expandiert das Puffergas Argon ins Vakuum. In dem Moment, wenn der Argon-Düsenstrahl genau über der Probe

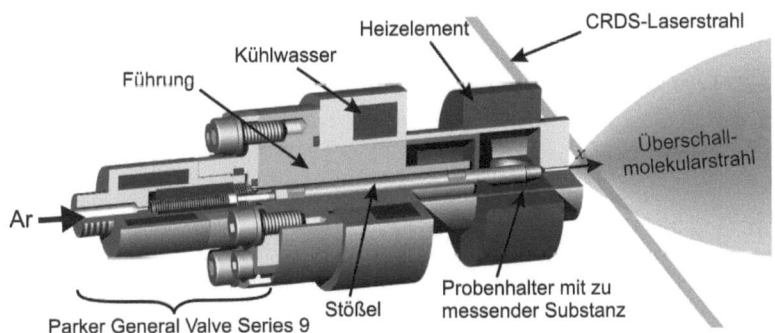

Abb. 5.4: Aufbau der geheizten Quelle.

ist, wird der Laserstrahl von einem gepulsten Nd:YAG-Laser (Continuum Minilite II) auf deren Oberfläche gerichtet und somit das zu untersuchende Molekül verdampft. Der Verdampfungslaser wird mit einer Repetitionsrate von 20 Hz betrieben. Als Verdampfungswellenlängen können 532 nm (zweite Harmonische), 355 nm (dritte Harmonische) oder 266 nm (vierte Harmonische) verwendet werden. Die verdampften Moleküle werden im Ar-Düsenstrahl abgekühlt und in einem Abstand von $x = 4$ mm zum Ort der Verdampfung mit CRDS untersucht. Um die mögliche Experimentierdauer zu verlängern, wird die Probe in y-Richtung hin und her verschoben. Somit trifft der Laserstrahl bei jedem Schuss auf eine frische Stelle der Probe.

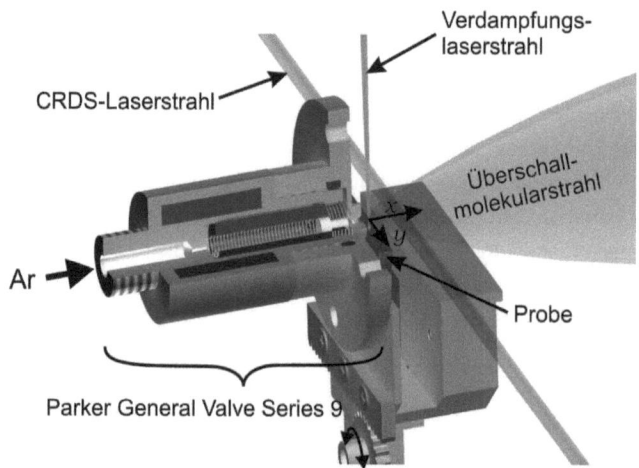

Abb. 5.5: Schematische Darstellung der Laserverdampfungsquelle, bei welcher die Verdampfung außerhalb der Düse stattfindet.

5.1.3.c Smalley-Quelle

Das Schema der internen Laserverdampfungsquelle nach dem Vorbild von Neubauer *et al.* [81] wird in Abb. 5.6 gezeigt. Sie stellt eine modifizierte Version der typischen Quellen von Smalley dar. Indem der Verdampfungslaserstrahl durch die Düse hindurch auf einen sich drehenden Stab gerichtet wird, kann auf ein zweites Loch in der Quelle für den Verdampfungslaser verzichtet werden, durch welches ein Teil des verdampften Materials heraustreten kann.

Die Probe wird bei dieser Quelle als Stab (Ø 5 mm, 20 mm lang) in den im 45°-Winkel abgewinkelten Expansionskanal eingebaut. Wenn die Düse geöffnet wird, strömt das Puffergas Ar aus der Düse durch den Expansionskanal. Wenn das Ar über die Staboberfläche strömt, wird der Laserstrahl eines gepulsten Nd:YAG-Lasers (Continuum Minilite II) auf dessen Oberfläche fokussiert und er verdampft dort die zu untersuchende Substanz. Der

Verdampfungslaser wird mit einer Repetitionsrate von 20 Hz betrieben. Als Verdampfungswellenlängen können 532 nm (zweite Harmonische), 355 nm (dritte Harmonische) oder 266 nm (vierte Harmonische) verwendet werden. Die verdampfte Substanz vermischt sich mit dem Argon und expandiert durch die Düse ins Vakuum, wobei die Substanz in einem Überschallmolekularstrahl abgekühlt wird. Die abgekühlten Moleküle und Cluster werden in einem Abstand von $x = 4$ mm von der Düse mit der CRDS-Technik untersucht. Die Probe wird auch in dieser Quelle bewegt (gedreht und verschoben), um mit jedem Laserschuss eine frische Stelle auf der Probe zu treffen und so die mögliche Experimentierdauer zu verlängern.

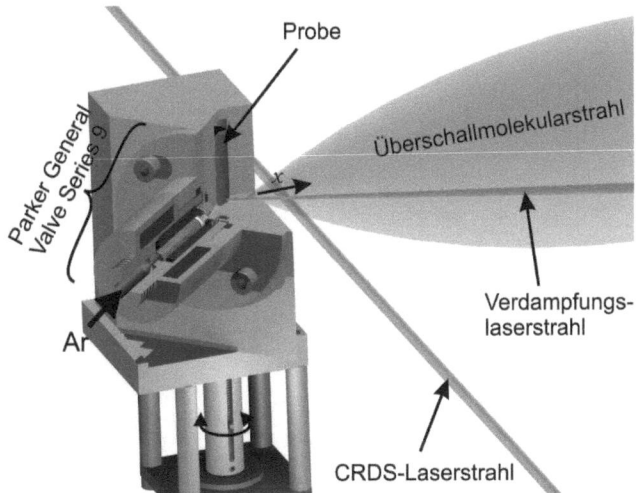

Abb. 5.6: Schematische Darstellung der Laserverdampfungsquelle, bei welcher die Verdampfung innerhalb der Düse stattfindet.

5.2 REMPI-Apparatur

In der Gruppe von F. Piuzzi in Saclay (Frankreich) wurden REMPI-Untersuchungen durchgeführt. Hierfür stand ein Aufbau zur Verfügung, welcher in Abb. 5.7 dargestellt ist. Dieser besteht aus einem Vakuumsystem mit zwei Kammern (Quellenkammer und Analysekammer mit Flugzeitmassenspektrometer), einer externen Laserverdampfungsquelle [78] (prinzipieller Aufbau als Inset in Abb. 5.7) und einem gepulsten abstimmbaren Farbstofflaser zur Ionisation der Moleküle im Molekularstrahl. Als Düse wird eine Parker General Valve Series 9 verwendet. Zur Verdampfung wird das Licht eines gepulsten und frequenzverdoppelten Nd:YAG-Lasers (Continuum Minilite 1) mit einer Repetitionsrate von 10 Hz mit einer Lichtleitfaser ins Vakuum bis dicht an die Düse gebracht und dort auf die Probenoberfläche gerichtet.

Die Quellenkammer wird mit einer Turbopumpe, welche mit einer Drehschieberpumpe kombiniert wird, auf einen Basisdruck von $4 - 5 \times 10^{-6}$ mbar gepumpt. Die Analysekammer ist durch einen Skimmer (Ø 1.5 mm) mit der Quellenkammer verbunden. Sie wird mit einer Öldiffusionspumpe auf einen Basisdruck von $4 - 5 \times 10^{-6}$ mbar gepumpt. In die Analysekammer ist ein Flugzeitmassenspektrometer eingebaut. Für die Ionisation wird das Licht eines frequenzverdoppelten Farbstofflasers verwendet, welcher mit der dritten Harmonischen (355 nm) eines Nd:YAG-Lasers gepumpt wird.

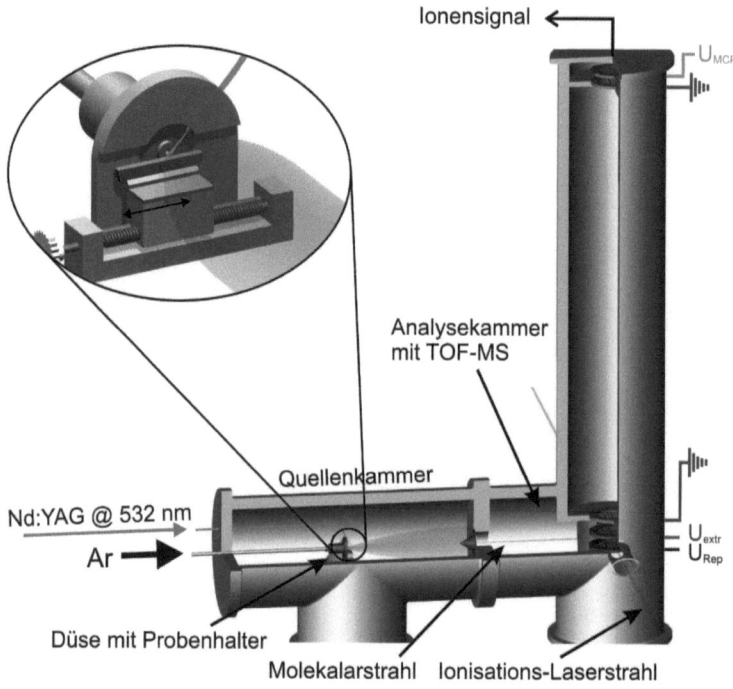

Abb. 5.7: Schematischer Aufbau des REMPI-Systems in Saclay. Die Molekularquelle ist detaillierter im Inset dargestellt.

6 CRDS-Untersuchungen an PAHs und PAH-Gemischen mit geheizter Quelle

In unserer Apparatur können wir im UV/VIS-Bereich Absorptionsspektren verschiedener, kommerziell erhältlicher PAHs bzw. mittels Laserpyrolyse hergestellter PAH-Gemische unter astrophysikalisch relevanten Bedingungen aufnehmen. Hierfür wurde eine geheizte Düsenstrahlquelle gebaut (siehe Abb. 5.4). Die Strukturen der für diese Arbeit mit der geheizten Quelle untersuchten PAHs sind in Abb. 6.1 dargestellt.

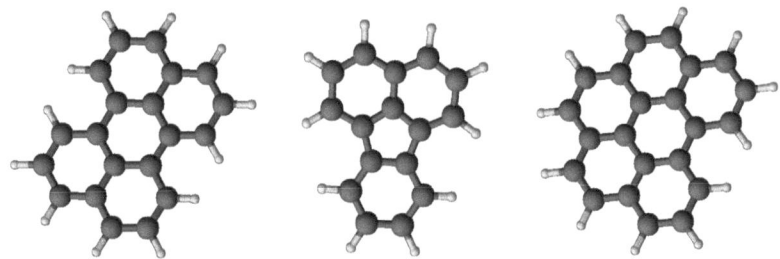

Abb. 6.1: **Strukturen der mit geheizter Quelle untersuchten PAHs Perylen (links), Fluoranthen (Mitte) und Benzo(ghi)Perylen (rechts).**

6.1 Benzo(ghi)Perylen

Das bisher größte PAH-Molekül, welches in unserer Gruppe mit der geheizten Quelle untersucht wurde, ist Benzo(ghi)Perylen (BghiP, $C_{22}H_{12}$, auch bekannt als 1,12-Benzoperylen oder 1,12-Benzperylen). Die Ergebnisse der Untersuchungen wurden kürzlich veröffentlicht [16, 82, 83]. Die Struktur dieses Moleküls ist in Abb. 6.1 rechts dargestellt. Zudem kann finden sich in der Literatur bereits Absorptionsspektren im Bereich des $S_1 \leftarrow S_0$-Überganges bei hohen Temperaturen ($T > 100$ °C) [84], in organischen Lösungen [84, 85, 86, 87, 88] und in kryogenen Ne-Matrizen [89]. Mit Hilfe einer indirekten Methode wurde bereits ein Anregungsspektrum in der Gasphase aber bei hohen Temperaturen ($T = 210$ °C) gemessen und veröffentlicht[90]. Hierbei wurde die Absorption durch Messung der Intensität der Emission bei einer festen Wellenlänge ermittelt. Hochaufgelöste Absorptionsmessungen bei niedrigen Temperaturen ($T = 5$ K) in n-Oktan finden sich auch im spektralen Atlas von Nakhimovsky et al. [91]. Andere Untersuchungen bei tiefen Temperaturen in der Gasphase als die in dieser Arbeit vorgestellten gibt es zum $S_1 \leftarrow S_0$-Übergang nach unserer Kenntnis nicht. Im Bereich des deutlich stärkeren $S_2 \leftarrow S_0$-Überganges haben Tan und Salama ebenfalls mittels CRDS an einem Überschallmolekularstrahl ein Absorptionsspektrum gemessen und dieses veröffentlicht [92].

Messungen bei hohen Temperaturen bzw. in flüssiger oder gefrorener Lösung, welche sowohl den $S_1 \leftarrow S_0$- als auch den $S_2 \leftarrow S_0$-Übergang zeigen, belegen, dass der $S_1 \leftarrow S_0$-Übergang viel schwächer ist als der $S_2 \leftarrow S_0$-Übergang. Zusätzlich hatten Langelaar et al. [86] experimentell gezeigt, dass der S_1-Zustand von BghiP, welches im Grundzustand eine C_{2v}-Symmetrie aufweist, eine $^1A_1$-Symmetrie besitzt, während der S_2-Zustand eine $^1B_1$-Symmetrie zeigt. In der Arbeit wurden die x-Achse parallel zur längsten Achse des Moleküls und die y-Achse senkrecht zur Molekülebene gelegt. Dies hat im Vergleich zur Festlegung von Mullikan [93] die Folge, dass die Notation der Symmetrien angepasst wurde, z.B. wurden B_1 und B_2 vertauscht.

Für die Untersuchungen an BghiP (Fluka, Reinheit ≥ 98 %) musste im Farbstofflaser das Gitter mit 2400 Linien/mm durch eines mit 1800 Linien/mm ersetzt werden. Als Farbstoff wurde LDS765 (Radiant Dyes Chemie) in Methanol verwendet. Für die Frequenzverdopplung wurde ein KD*P-Kristall (Continuum DCC1) verwendet. Die Breite der Laserlinie vor der Frequenzverdopplung wurde durch Anpassen eines Lorentzprofils an eine mit der Hohlkathodenlampe gemessenen NeI-Linie zu 0.22 cm^{-1} bei 784.2 nm bestimmt. Aus dieser Messung kann die Breite der Laserlinie im UV (nach Frequenzverdopplung) zu 0.20 cm^{-1} abgeschätzt werden. Zur Wellenlängenkalibrierung wurde die Position mehrerer NeI-Linien [80] als Referenz herangezogen. Die erhaltenen Wellenzahlen haben durch diese Prozedur eine Ungenauigkeit von 0.04 cm^{-1} relativ zu den Positionen der NeI-Linien. Das Laserlicht wird, wie bereits in Abschnitt 2.2.2 beschrieben, in den 1 m langen Resonator eingekoppelt. Um die Auswirkungen von möglicherweise vorhandenem Streulicht vom Farbstofflaser auf die Bestimmung der Abklingzeit des Resonators zu vermeiden, wurde ein Farbfilter (Schott BG39) vor dem Photomultiplier eingesetzt.

Die geheizte Quelle wurde mit Ar (Linde, Reinheit 5.0) als Puffergas mit einem Stagnationsdruck von 1.5 bar verwendet, was in der Vakuumkammer zu einem Untergrunddruck von 1.35×10^{-2} mbar führte. Der Überschallmolekularstrahl wurde in einem Abstand von 3 mm von der Düse spektroskopisch analysiert, wobei für jeden Messpunkt über 64 Laserpulse gemittelt wurde. Bei allen aufgenommenen Spektren wurde der auf Verluste der Spiegel und Streuung am Molekularstrahl beruhende Untergrund korrigiert. In einigen, entsprechend beschrifteten, Spektren wurde zusätzlich ein Interferenzsignal abgezogen, welches vom Auskoppelspiegel hervorgerufen wurde [94]. Für das abzuziehende Interferenzsignal wurde eine Airyfunktion mit den Spiegelparametern (Dicke und Brechungsindex des Spiegelsubstrates und Reflektivität der Oberflächen) an die Messungen angepasst.

Auf der Grundlage der von Bermudez und Chan [95] veröffentlichten Banden und der vorhergesagten Position der $S_1 \leftarrow S_0$-Ursprungsbande [84, 96] wurden Absorptionsmessungen im Wellenlängenbereich von 380 – 402 nm (24875 – 26320 cm^{-1}) durchgeführt. In Abb. 6.2 (a) wird das erhaltene Spektrum gezeigt, welches in mehreren Teilstücken aufgenommen wurde. Das BghiP wurde hierfür auf eine Temperatur von 235 °C geheizt. Es können mehrere Banden identifiziert werden, welche aufgrund ihres Intensitätsverhaltens in zwei Gruppen eingeteilt werden können. Einige Banden konnten in mehreren Messungen mit reproduzierbarer Intensität detektiert werden. Andere Banden hingegen wurden in früheren Messungen mit einer Probe aus einer unterschiedlichen Produktionscharge nicht beobachtet. Diese Banden zeigen ein typisches Bandenschema, welches in einem etwas weiter ins Rote verschobenen Wellenlängenbereich auch von Tan und Salama [97] beobachtet wurde. Tan und Salama hatten Perylen untersucht, was nahelegt, dass auch die Banden in unserem Spektrum von Perylen stammen. Die Struktur von Perylen ist in Abb. 6.1 auf der linken Seite dargestellt. Es unterscheidet sich von BghiP nur durch eine fehlende C_2-Gruppe. Da man sich vorstellen kann, dass BghiP durch Abspaltung der beiden Kohlenstoffatome thermisch zu Perylen zerfällt und dies aufgrund der vergleichbaren Intensität der vermeintlichen Perylenbanden auch nahelegt, wurde eine Probe nach dem Experiment mittels HPLC (High Pressure Liquid Chromatography) analysiert. Diese Analyse ergab einen Anteil von 1 Gew.-%[2] Perylen, was im Einklang mit der vom Hersteller für die BghiP-Probe angegebenen Reinheit ist. Somit lässt sich ausschließen, dass es eine starke thermische Umwandlung gibt.

---

[2] Gew.-% steht für Gewichtsprozent

Um endgültig zu prüfen, ob die besagten Banden von Perylen stammen, wurde ein Spektrum des reinen Perylens (Aldrich, Reinheit > 99 %) unter vergleichbaren Bedingungen aufgenommen. Die Temperatur wurde allerdings auf 156 °C reduziert. Dieses Spektrum ist in Abb. 6.2 (b) dargestellt. Die Intensität der erhaltenen Perylenbanden ist unter diesen Bedingungen in etwa genauso stark wie in den Messungen mit der auf 235 °C geheizten BghiP-Probe (Abb. 6.2 (a)). Basierend auf der Arbeit von Leutwyler [98] konnten zusätzlich Banden der van der Waals-Komplexe Perylen·Ar und Perylen·Ar_2 identifiziert werden. Die Positionen dieser Banden sind in Abb. 6.2 (b) markiert. Diese Banden sind in Abb. 6.2 (a) schwächer, was auf die höhere Temperatur der Quelle zurückzuführen ist.

Um das Absorptionsspektrum des reinen BghiPs zu erhalten, wurde das Perylenspektrum vom ursprünglichen Spektrum abgezogen (Abb. 6.2 (c)). Hierfür wurde das Perylenspektrum um den Faktor 1.3 in der Intensität reduziert. Im resultierenden Spektrum wurden Banden, welche klar zu BghiP gehören, mit Zahlen gekennzeichnet. Die Bande mit Ziffer 0 ist hierbei die Ursprungsbande. Bei den restlichen Banden stehen die Zahlen für die zuge-

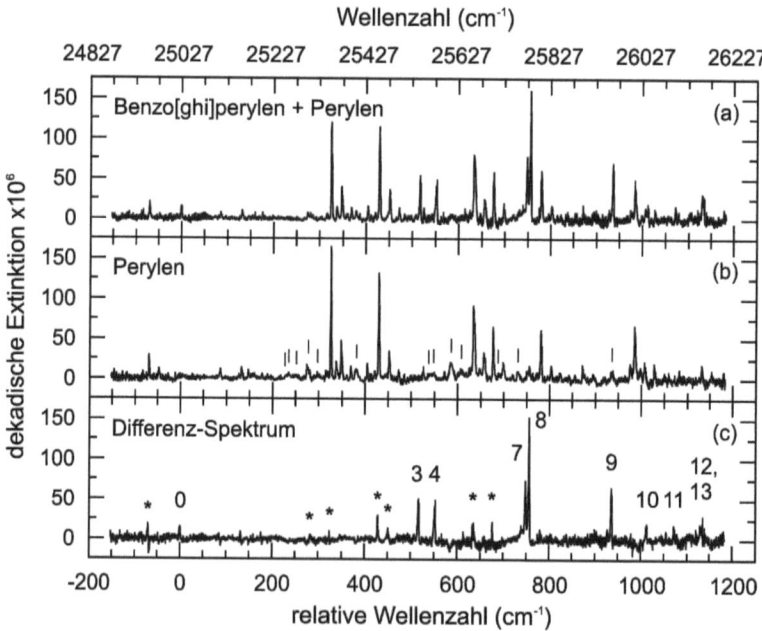

Abb. 6.2: (a) $S_1(^1A_1) \leftarrow S_0(^1A_1)$-Absorptionsspektrum von im Überschallmolekularstrahl gekühltem Benzo(g,h,i)Perylen mit Spuren von Perylen, das bei einer Probentemperatur von 235 °C aufgenommen wurde. (b) Absorptionsspektrum von Perylen bei einer Probentemperatur von 156 °C. (c) Differenz-Spektrum, das die mit Nummern beschrifteten Banden von BghiP hervorhebt. Mit Sternchen markierte Banden resultieren von der nicht perfekten Subtraktion und sollten nicht mit Banden von BghiP verwechselt werden. Die stärksten Banden der Komplexe aus Perylen und Argon können als „negative" Banden beobachtet werden.

hörige fundamentale Anregung der nicht totalsymmetrischen b_1-Schwingungsmode. Die Zahl 3 steht z.B. für die Bande $(3b_1)_0^1$. Dem Peak mit der Bezeichnung 12, 13 wurden zwei Banden zugeordnet ($(12b_1)_0^1$ und $(13b_1)_0^1$), da dieser deutlich breiter als alle anderen ist. Die Positionen der Banden sind zusammen mit den dazugehörigen Vibrationsenergien und den genauen Bezeichnungen in Tab. 6.1 aufgelistet.

Der Bereich der Ursprungsbande ist detaillierter in Abb. 6.3 (a) zu sehen. Die schwarze Kurve stellt hierbei die Messung mit der BghiP-Probe dar, wobei das Interferenzsignal wie oben beschrieben abgezogen wurde und das Signal-zu-Rausch-Verhältnis durch paarweises Mitteln der Messpunkte erhöht wurde. Die graue Kurve entspricht dem Spektrum des reinen Perylens, wobei das Signal auf den in dem gezeigten Spektralbereich stärksten Perylen-Peak skaliert wurde. Aus dem Vergleich mit Abb. 6.2 (a) ist erkennbar, dass in dieser Messung annähernd kein Perylen festgestellt werden kann. Die Bedingungen sind in beiden Messungen allerdings gleich. Es wurde lediglich eine Probe aus einer unterschiedlichen Produktionscharge verwendet. Der Vergleich der beiden Kurven zeigt, dass die Bande bei 25027.1 cm^{-1} dem Übergang mit der niedrigsten Energie entspricht, welcher BghiP zugeordnet werden kann. Dies ist einer der Gründe, weshalb wir diese Bande als $S_1 \leftarrow S_0$-Ursprungsbande bezeichnen.

Abb. 6.3 (b) zeigt den Spektralbereich, in dem die Banden der fundamentalen Anregung der Schwingungsmoden $1b_1$ und $2b_1$ vermutet werden. In der unteren (grauen) Kurve wird ein entsprechender Ausschnitt aus dem Perylenspektrum mit fünf Banden des Monomers gezeigt. Mit einer Raute (◊) wurde eine weitere Bande gekennzeichnet, die dem Komplex aus Perylen und Ar zugeordnet wird. Die obere Kurve wurde mit einer BghiP-Probe mit geringem Perylenanteil aufgenommen, wobei die Probe auf 251 °C geheizt wurde. Ein Vergleich mit dem Perylenspektrum zeigt zwei zusätzliche Banden, die mit (1) und (2) beschriftet sind. Die Zahlen sind in Klammern geschrieben, um anzudeuten, dass die Zuordnung zu den Banden $(1b_1)_0^1$ und $(2b_1)_0^1$ vorläufig ist. Die Position der Bande (1) fällt mit einer Perylenbande bei 25386.9 cm^{-1} zusammen, während die Position von Bande (2) mit einer Bande des Perylen·Ar Komplexes zusammen fällt [82]. Ein Vergleich der Intensitäten der Banden (1) und (2) bei der höheren Quellentemperatur mit dem Perylenspektrum deutet darauf hin, dass es sich nicht um die, bei den gleichen Positionen gemessenen, Perylenbanden handelt. Die Bande (1) ist z.B. intensiver als die Perylenbande bei 25364.4 cm^{-1}, die im Spektrum nur schwer zu erkennen ist. Die Perylenbande bei 25386.9 cm^{-1} (bei gleicher Position wie Bande (1)) ist eine Sequenzbande zur Bande bei 25364.4 cm^{-1} und sollte selbst bei diesen höheren Temperaturen weniger intensiv sein als diese. Bezüglich der Bande (2) lässt sich sagen, dass sie genauso stark ist, wie die in diesem Bereich intensivste Bande der Perylenprobe bei 25352.4 cm^{-1}, die dem Perylen·Ar-Komplex zugeordnet wird. Banden von Komplexen sollten allerdings bei erhöhter Temperatur geschwächt auftreten. Deshalb ist es wahrscheinlicher, dass es im oberen Spektrum eine Bande des BghiPs und somit die $(2b_1)_0^1$-Bande ist.

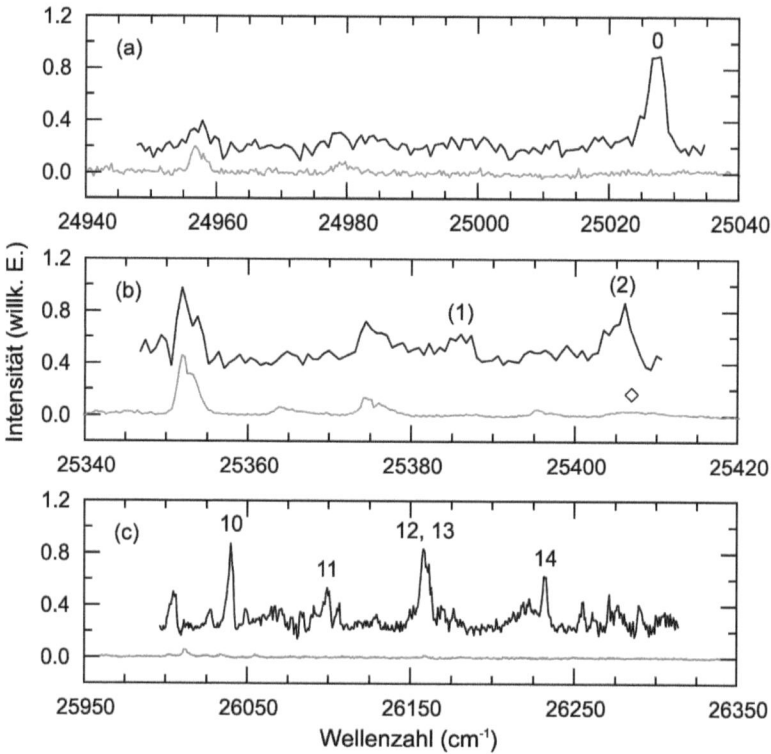

Abb. 6.3: Vergleich des $S_1 \leftarrow S_0$-Absorptionsspektrums von BghiP (schwarze Kurven) mit dem Absorptionsspektrum von Perylen (graue Kurven) in verschiedenen Energiebereichen: (a) Die Ursprungsbande von BghiP ist mit der 0 indiziert. Ein schwacher Peak bei 24957.1 cm^{-1} kann Perylen zugeordnet werden. (b) Die mit (1) und (2) markierten Banden sind wahrscheinlich den Banden $(1b_1)_0^1$ und $(2b_1)_0^1$ des $S_1 \leftarrow S_0$-Überganges von BghiP zuzuordnen. Eine Bande des Perylen·Ar Komplexes ist mit einer Raute (◊) markiert. (c) Die drei Peaks, welche mit 10, 11 und 14 bezeichnet sind, ensprechen den Banden $(10b_1)_0^1$, $(11b_1)_0^1$ und $(14b_1)_0^1$ des $S_1 \leftarrow S_0$-Überganges von BghiP. Die mit 12, 13 beschriftete Bande entspricht den dicht beieinander liegenden Banden $(11b_1)_0^1$ und $(14b_1)_0^1$.

Der energetisch höhere Spektralbereich, in dem wir vier schwache BghiP-Banden identifizieren konnten, ist in Abb. 6.3 (c) dargestellt. Wie bereits erwähnt, ist eine Bande in diesem Bereich, welche mit 12, 13 beschriftet ist, mit einer Halbwertsbreite von 5.9 cm^{-1} deutlich breiter als die anderen Banden, die eine Halbwertsbreite von 2.9 cm^{-1} aufweisen. Diese Bande beinhaltet entweder eine durch eine Störung verbreiterte Bande oder zwei sich überlappende Banden. Letzteres scheint uns wahrscheinlicher, da Berechnungen der Schwingungsmoden in diesem Bereich zwei energetisch nur gering separierte Banden vorhersagen ($(12b_1)_0^1$ und $(13b_1)_0^1$) [92]. Die nächste Bande wurde somit logischerweise der $(14b_1)_0^1$-Bande zugeordnet.

Um unsere Zuordnung zu stärken, wurden für die stärksten Banden die Rotationsprofile aufgenommen, welche in Abb. 6.4 dargestellt sind. Bei allen Spektren, mit Ausnahme der $(9b_1)_0^1$-Bande bei 25964.2 cm^{-1}, wurde das Interferenzsignal abgezogen. Eine Verbesserung des Signal-zu-Rausch-Verhältnisses der Ursprungsbande, welche mit einer kleineren Schrittweite von 0.001 nm vermessen wurde, wurde durch paarweises Mitteln der Messpunkte erreicht, was in einer Schrittweite von 0.002 nm (im Vergleich zu 0.0025 nm für alle anderen Banden) resultiert. Bei den Banden $(3b_1)_0^1$ bis $(8b_1)_0^1$ wurden zwei unter gleichen Bedingungen aufgenommene Spektren gemittelt. Somit ergibt sich für diese Spektren eine Mittelung von 128 Laserpulsen.

Alle Banden zeigen in ihren Rotationsprofilen zwei Maxima, allerdings existiert ein Unterschied zwischen der Bande bei 25027.1 cm^{-1} und den anderen Banden. Die beiden Maxima haben unterschiedliche Intensitäten. Das energetisch niedriger gelegene Maximum ist

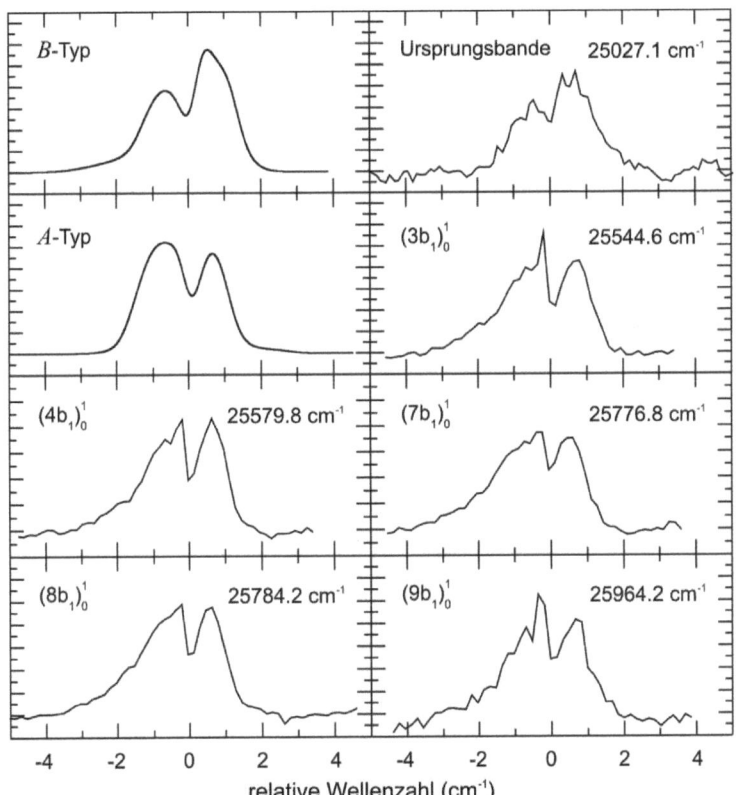

Abb. 6.4: Berechnete A- und B-Typ-Rotationsprofile im Vergleich mit beobachteten Bandenprofilen. Die Ursprungsbande zeigt ein Profil des B-Typs, wohingegen alle anderen Banden ein Profil des A-Typs aufweisen.

deutlich kleiner, als das energetisch höher gelegene. Bei allen anderen Banden haben beide Maxima jeweils vergleichbare Intensitäten. Zusätzlich ist die Bande bei 25027.1 cm^{-1} auf der energetisch höheren Seite etwas verbreitert, während die anderen Banden auf der energetisch niedrigeren Seite verbreitert sind.

Zusammen mit den gemessenen Spektren sind in Abb. 6.4 auch zwei berechnete Profile dargestellt. Die Rotationskonstanten wurden mit DFT- und TD-DFT-Berechnungen für die Gleichgewichtsstrukturen im S_0- und S_1-Zustand ermittelt [92]. Diese sind $A`` = 0.0147048$ cm$^{-1}$, $B`` = 0.0109221$ cm^{-1} und $C`` = 0.00626715$ cm^{-1} für den Grundzustand. Für den angeregten Zustand sind sie $A` = 0.0145163$ cm$^{-1}$, $B` = 0.010955$ cm^{-1} und $C` = 0.00625633$ cm^{-1}. Die statistische Gewichtung der Rotationsniveaus in S_0 ist 2080 für die Zustände mit A_1- bzw. A_2-Symmetrie und 2016 für die Zustände mit B_1- bzw. B_2-Symmetrie. Dieser geringe Unterschied kann bei der Simulation der Rotationsprofile mit dem Programm SPECVIEW von Stakhursky und Miller [99] vernachlässigt werden. Es wurden Rotationsprofile des A-Typs und des B-Typs simuliert, wobei Rotationsquantenzahlen bis $J = 101$ berücksichtigt wurden. Für eine einzelne Rotationslinie wurde ein Lorentzprofil mit einer Breite von 0.3 cm^{-1} angenommen. Da die Breite der Laserlinie mit 0.2 cm^{-1} abgeschätzt wurde, ergibt sich eine intrinsische Linienbreite der Rotationslinien von 0.1 cm^{-1}. Eine Rotationstemperatur von 30 K ergab die beste Übereinstimmung der simulierten Profile mit den Messungen. Wir haben festgestellt, dass die Bande bei 25027.1 cm^{-1} ein Rotationsprofil besitzt, was mit dem simulierten Profil des B-Typs vergleichbar ist, während alle anderen Banden ein Profil des A-Typs aufweisen. Allerdings sollte bedacht werden, dass der Einfluss der Schwingungen bei der Simulation der Profile nicht berücksichtigt wurde. Da sowohl der S_0- als auch der S_1-Zustand eine $^1A_1$–Symmetrie aufweisen, wird für die Ursprungsbande ein B-Typ-Profil erwartet. Somit erhärtet die Analyse der Rotationsprofile die Annahme, dass die Bande bei 25027.1 cm^{-1} die Ursprungsbande darstellt. Die anderen Banden entsprechen somit Übergänge, bei denen b_1-Schwingungsmoden angeregt werden.

Für Banden, welche zwei Maxima aufweisen (z. B. die in Abb. 6.4 dargestellten Banden), wurde als Bandenposition der niedrigste Messpunkt zwischen diesen Maxima angegeben. Zur Bestimmung der Unsicherheit der Position wird zur Ungenauigkeit der Wellenlängenkalibrierung noch die Hälfte der Schrittweite hinzugerechnet. Bei den aus einem Peak bestehenden Banden wurden die Positionen durch Anpassen eines Lorentzprofils erhalten. Die Bezeichnungen basieren auf dem Vergleich der erhaltenen Schwingungsenergien mit DFT-basierten Berechnungen [92]. Die Banden, welche klar ein A-Typ-Profil zeigen, können sicher den Übergängen $(3b_1)_0^1$, $(4b_1)_0^1$, $(7b_1)_0^1$, $(8b_1)_0^1$ und $(9b_1)_0^1$ zugeordnet werden. Im Gegensatz dazu ist die Zuordnung der beiden in Zusammenhang mit Abb. 6.3 (b) diskutierten Banden $(1b_1)_0^1$ und $(2b_1)_0^1$ nur vorläufig, da die Bandenprofile nicht mit genügender Genauigkeit gemessen werden konnten und auf Grund der Rechnungen [92] die $(2a_1)_0^1$-Bande relativ dicht zur Position der Bande (2) erwartet wird. Ohne Zweifel

CRDS-Untersuchungen an PAHs und PAH-Gemischen mit geheizter Quelle | 39

stammen die Banden zwischen den Banden 2 und 10 von b_1-Schwingungsmoden. Dies bedeutet, dass die Banden $(3a_1)_0^1$ bis $(9a_1)_0^1$, die ebenfalls in diesem Spektralbereich erwartet werden, nicht beobachtet wurden. Als Konsequenz daraus kann somit festgestellt werden, dass im gesamten gemessenen Spektrum keine Banden der a_1-Schwingungsmoden beobachtet wurden. Dementsprechend wurde die Zuordnung der Banden $(10b_1)_0^1$ bis $(14b_1)_0^1$ in der Reihenfolge ansteigender Energie durchgeführt. Hierbei wurden die Banden $(12b_1)_0^1$ und $(13b_1)_0^1$ einem breiten Peak zugeordnet. Die höherenergetische

Tab. 6.1: Beobachtete Positionen und Vibrationsenergien, zusammen mit Modenzuordnungen, für die Banden des $S_1 \leftarrow S_0$-Überganges von BghiP. Werte in Klammern stehen für vorläufige Zuordnungen.

Banden-Position (cm^{-1})	Genauigkeit (cm^{-1})	Vibrationsenergie (cm^{-1})	Modenzuordnung	Theoretisch berechnete Vibrationsenergie (cm^{-1}) [92]
25027.1	0.2	0	Ursprungsbande	
(25386.0)	(0.3)	(358.9)	$(1b_1)_0^1$	352.5
(25405.3)	(0.3)	(378.2)	$(2b_1)_0^1$	392.0
25544.6	0.2	517.5	$(3b_1)_0^1$	509.1
25579.8	0.2	552.7	$(4b_1)_0^1$	533.2
			$(5b_1)_0^1$	600.1
			$(6b_1)_0^1$	660.5
25776.8	0.2	749.7	$(7b_1)_0^1$	749.9
25784.2	0.2	757.1	$(8b_1)_0^1$	789.3
25964.2	0.2	937.1	$(9b_1)_0^1$	908.2
26039.9	0.2	1012.8	$(10b_1)_0^1$	1010.6
26099.1	0.4	1072.0	$(11b_1)_0^1$	1067.0
26158.8	0.3	1131.7	$\{ (12b_1)_0^1$ $(13b_1)_0^1$	1101.7 1117.5
26232.2	0.2	1205.1	$(14b_1)_0^1$	1173.2
			$(15b_1)_0^1$	1201.4
			$(16b_1)_0^1$	1204.4

Bande haben wir $(14b_1)_0^1$ zugeordnet, obwohl die Position dichter an der berechneten Frequenz von $(15b_1)_0^1$ bzw. $(16b_1)_0^1$ liegt. Ein Versuch, die Banden $(5b_1)_0^1$ und $(6b_1)_0^1$ zu beobachten, war ohne Erfolg.

In den Messungen am reinen Perylen in Abb. 6.2 (b) (Probentemperatur: 156 °C) sind die Banden nur ca. 30 % intensiver als die gleichen Banden, die mit der BghiP-Probe und einer Probentemperatur von 235 °C gemessen wurden (Abb. 6.2 (a)). Somit war in beiden Experimenten die Perylenkonzentration im Überschallmolekularstrahl vergleichbar hoch. Der Dampfdruck von Perylen bei 235 °C ist mit 73 Pa deutlich höher als bei 156 °C (0.20 Pa) [100]. Dies bedeutet, dass im Experiment mit BghiP das Perylen möglicherweise in den BghiP-Kristallen gebunden war und erst zusammen mit diesem verdampft wird. Somit sollte, basierend auf der HPLC-Analyse, die Konzentration des Perylens in etwa 1 % der Konzentration des BghiPs im Überschallmolekularstrahl sein. Dies ist konsistent mit der Tatsache, dass, falls eine Substanz in einer binären Mischung in einer sehr kleinen Konzentration vorliegt, deren Dampfdruck in etwa dem der Hauptkomponente entspricht (in Analogie zur Anwendung der Regel von Raoult über ideale flüssige binäre Mischungen). Eine Konsequenz daraus ist, dass der Absorptionsquerschnitt für Perylen ungefähr zwei Größenordnungen über dem von BghiP liegen muss, da die Perylenbanden im Spektrum in etwa gleich stark wie die BghiP-Banden sind.

Letztendlich kann der Dampfdruck von BghiP bei 235 °C abgeschätzt werden. Wenn man annimmt, dass die Konzentration von Perylen bei den Messungen einem Partialdruck von 0.20 Pa und die Konzentration von Perylen in etwa 1 % der von BghiP entspricht, kann man schlussfolgern, dass der Dampfdruck von BghiP in der Quelle ca. 20 Pa betrug. Dieser Wert scheint vernünftig zu sein, da der Dampfdruck für die beiden strukturell ähnlichen Substanzen, Perylen bzw. Coronen, bei 235 °C 73 Pa bzw. 1.2 Pa beträgt [100].

Zusammenfassend lässt sich sagen, dass die Position der Ursprungsbande des $S_1(^1A_1) \leftarrow S_0(^1A_1)$-Überganges zu 25027.1 ± 0.2 cm^{-1} bestimmt werden konnte. Diese Bestimmung wurde durch das Rotationsprofil der Bande unterstützt, welches ein B-Typ-Profil ist. Die fundamentalen Schwingungsfrequenzen, die aus den Messungen bestimmt wurden, sind konsistent mit in der Literatur angegebenen berechneten Frequenzen. Außer der Ursprungsbande zeigen alle Banden, bei denen das Rotationsprofil aufgelöst werden konnte, eine fundamentale Anregung von Schwingungsmoden mit b_1-Symmetrie, da sie ein Rotationsprofil des A-Typs aufweisen. Alle anderen Banden wurden ebenfalls Anregungen von b_1-Moden zugeordnet, auch wenn die Zuordnung teilweise nur vorläufig ist. Keine der Banden konnte klar der Anregung einer a_1-Mode zugeordnet werden, auch wenn diese Übergänge durchaus erlaubt sind. Dies bedeutet, dass sie bei den experimentellen Bedingungen zu schwach waren, während die Banden der b_1-Moden durch Schwingungskopplung zwischen dem S_1- und S_2-Zustand an Intensität gewinnen. Dies ist die einfachste Begründung für unsere Beobachtung. Der Einfluss höherer elektronischer Zustände sollte berücksichtigt werden, wenn detailliertere Untersuchungen vorliegen.

Wenn man sich auf die Interpretation der DIBs konzentriert, stellt man fest, dass der Vergleich des BghiP-Spektrums mit astronomischen Datenbanken keine Übereinstimmung zeigt. Dies kann möglicherweise aber auch daran liegen, dass die erste starke Bande von BghiP (der $S_2 \leftarrow S_0$-Übergang) nahe 369 nm liegt, was außerhalb des Bereiches liegt, welcher von den „DIB surveys" abgedeckt wird (400 – 800 nm). Die Breite der Banden von ca. 2.7 cm^{-1}, welche von einer Rotationstemperatur nahe 40 K hervorgerufen wird, ist im astrophysikalischen Kontext interessant. Sie unterstützt die Hypothese, dass neutrale PAHs bessere Kandidaten als Träger der DIBs sind als PAH-Kationen. Diese zeigen, aufgrund ihrer kurzen Lebensdauer im angeregten Zustand, Bandbreiten in der Größenordnung von 20 – 30 cm^{-1} [97]. Bis heute wurden allerdings nur ein paar neutrale PAHs, deren $S_1 \leftarrow S_0$-Übergang bei Wellenlängen oberhalb 400 nm liegt, in Überschallmolekularstrahlexperimenten untersucht. Für weitere Schlussfolgerungen bezüglich der Korrelation von neutralen PAHs und DIBs muss gewartet werden, bis mehr Laborspektren verfügbar sind.

6.2 Messungen an einem Ruß-Extrakt

In unserem Labor wird mit der Laserpyrolyse versucht, die Bildung von Molekülen und kleinen im Nanometerbereich liegenden Teilchen in Sternentstehungsgebieten nachzuempfinden. Hierbei konzentrieren wir uns zum Einen auf die Bildung von Silicium-Nanoteilchen und zum Anderen auf die Bildung von auf Kohlenstoff basierenden Molekülen und Nanoteilchen. Für die Synthese der Kohlenstoff enthaltenden Substanzen wird Ethylen, Acetylen, Benzol oder eine Mischung aus diesen mit einem CO_2-Laser dissoziiert, wobei im heißen Reaktionsvolumen vorwiegend PAHs, Fullerene, Bruchstücke von Fullerenen, Polyine (Kohlenwasserstoffketten mit mehreren Dreifachbindungen) und graphitische Kohlenstoff-Nanoteilchen entstehen [101, 102]. Je nach Temperatur kann die Zusammensetzung variieren. Da bei einer unvollständigen Verbrennung von Kohlenwasserstoffen ähnliche Verbindungen entstehen und da das bei der Laserpyrolyse erhaltene Pulver häufig eine schwarze Färbung aufweist, wird es als Ruß bezeichnet. Die in diesem Ruß enthaltenen löslichen Komponenten wie z.B. PAHs und Fullerene können mittels verschiedener Methoden extrahiert werden. Für PAHs sind Dichlormethan und Toluol geeignete Lösungsmittel. Das Lösungsmittel wird anschließend verdampft oder die PAHs werden im Lösungsmittel belassen. Eine weitere Methode ist die sogenannte Soxhlet-Extraktion. Hierbei werden die PAHs in heißem Toluol gelöst und aus dem Pulver gespült. Das Toluol wird anschließend verdampft, wobei die PAHs als teerartige Schicht im Verdampfungskolben zurück bleiben. Diese Methode wurde auch für das in dieser Arbeit untersuchte Extrakt verwendet. Der hierfür verwendete Ruß (CP85) wurde mit einer 2:1

Mischung aus Ethylen und Benzoldampf als gasförmige Kohlenwasserstoffe hergestellt und besteht aus Kohlenstoff-Nanoteilchen und ca. 30 Gew.-% PAHs.

Bei HPLC-Analysen des Extraktes konnten überwiegend PAHs mit 3 – 5 Benzolringen nachgewiesen werden [102]. Aber auch größere PAHs wurden in allerdings deutlich kleineren Konzentrationen detektiert. Es wurden zusätzlich Massenspektren aufgenommen, welche die HPLC-Analysen stützen [101]. Erste CRDS-Messungen haben gezeigt, dass es möglich ist, mit der CRDS-Apparatur Absorptionsspektren am Ruß-Extrakt zu messen. Hierbei wurde sowohl die $S_1 \leftarrow S_0$-Ursprungsbande von Anthracen, als auch die $S_2 \leftarrow S_0$-Ursprungsbande von Phenanthren untersucht. Es konnte gezeigt werden, dass das Verhältnis von Phenanthren zu Anthracen im Extrakt 4:1 ist [101].

Um mit der Absorptionsspektroskopie weiter in den sichtbaren Bereich und somit auch mehr den Bereich der DIBs zu erschließen und zu versuchen, größere PAHs im Extrakt mit CRDS nachzuweisen, wurde ausgehend vom Bereich der $S_1 \leftarrow S_0$-Ursprungsbande von BghiP zu höheren Wellenlängen gemessen. Als Farbstoff wurde LDS810 in Methanol verwendet. Der Verdopplungskristall und der Farbfilter vor dem Detektor waren die gleichen, wie auch schon bei den BghiP-Messungen. In dem untersuchten Spektralbereich von 395 – 417 nm liegen Absorptionsbanden einiger mittels HPLC identifizierter PAHs. So liegt z.B. die $S_1 \leftarrow S_0$-Bande von Fluoranthen in diesem Bereich, dessen Ursprungsbande bei 395.56 nm [103] liegt. Fluoranthen wurde in der HPLC-Anlage als eines der häufigsten PAHs ermittelt. Es besteht aus drei Benzolringen, von denen zwei direkt aneinander liegen und der dritte durch einen Kohlenstoff-Fünferring von diesen getrennt ist. Die Struktur ist in der Mitte von Abb. 6.1 dargestellt.

Für die ersten Messungen wurde das Extrakt auf 320 °C geheizt. Als Puffergas wurde Ar (Air Liquide, Reinheit 5.0) mit einem Stagnationsdruck von 1.5 bar verwendet und die Düse für 600 µs geöffnet, was zu einem Untergrunddruck von $1.5 \cdot 10^{-2}$ mbar führte. Es wurde der Wellenlängenbereich von 395.0 – 404.3 nm in mehreren Teilen aufgenommen. Hierbei wurde die Wellenlänge in 0.005 nm Schritten durchgestimmt und für jeden Messpunkt über 32 Laserpulse gemittelt. Um das Signal-zu-Rausch-Verhältnis zu verbessern, wurde anschließend über jeweils drei Messpunkte gemittelt, so dass eine effektive Schrittweite von 0.015 nm und einer Mittelung über 96 Laserpulse erhalten wurde. Weiterhin wurden der Untergrund der Spiegelverluste und vorhandene Interferenzerscheinungen des Auskoppelspiegels heraus korrigiert [94]. Das erhaltene Spektrum ist in Abb. 6.5 dargestellt. Es sind einige Banden erkennbar, deren Herkunft zunächst nicht geklärt werden konnten.

Es wurden Absorptionsmessungen im sich anschließenden Wellenlängenbereich von 403.5 – 416.9 nm durchgeführt, bei denen die Probe auf ca. 280 °C aufgeheizt wurde. Die Schrittweite wurde auf 0.0075 nm erhöht, um einen möglichst weiten Spektralbereich untersuchen zu können. Zur Verbesserung des Signal-zu-Rausch-Verhältnisses wurde

CRDS-Untersuchungen an PAHs und PAH-Gemischen mit geheizter Quelle | 43

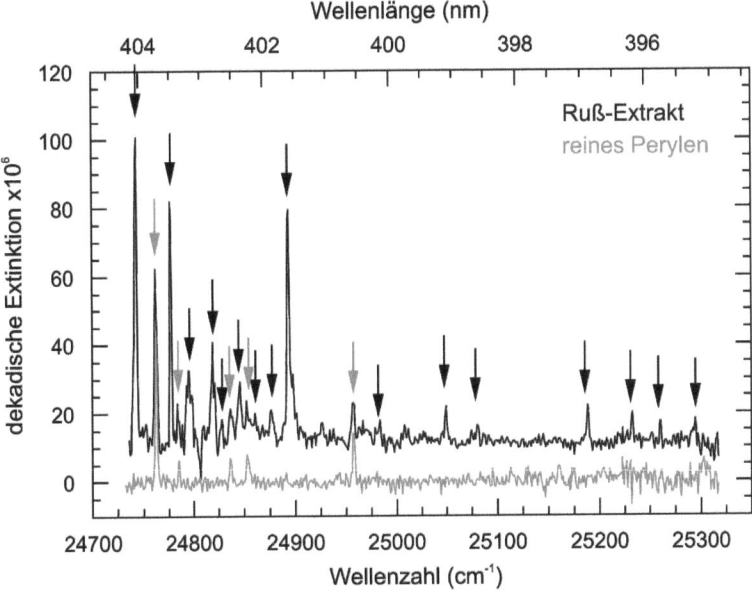

Abb. 6.5: Vergleich der Absorptionsmessungen am Ruß-Extrakt (T_{Probe} ≈ 320 °C) und an Perylen (T_{Probe} = 160 °C).

anschließend über jeweils zwei Messpunkte gemittelt, so dass wiederum eine effektive Schrittweite von 0.015 nm und eine Mittelung über 64 Laserpulse erhalten wurde. Auch bei diesen Messungen wurden der Untergrund und Interferenzerscheinungen abgezogen. Das so erhaltene Spektrum ist in Abb. 6.6 dargestellt. Ein Vergleich mit Literaturspektren in den beiden Bereichen zeigte, dass die Spektren mehrere Perylen-Banden enthalten [97]. Für einen eindeutigen Beleg wurde reines Perylen unter vergleichbaren Bedingungen untersucht. Die Temperatur wurde hierbei so eingestellt, dass ein ähnlich intensives Absorptionssignal erhalten wurde (T_{Probe} = 160 °C). Ursprüngliche Schrittweite und Datenauswertung wurden wieder so gewählt, dass die effektive Schrittweite 0.015 nm beträgt und die Mittelung 96 Laserpulsen entspricht. Die erhaltenen Spektren sind ebenfalls in Abb. 6.5 und Abb. 6.6 dargestellt. Aus dem Vergleich lassen sich die mit grauen Pfeilen markierten Banden Perylen zuordnen, während die mit schwarzen Pfeilen markierten Banden immer noch nicht zugeordnet werden konnten. Ein Vergleich mit weiteren Literaturspektren der mittels HPLC als relativ häufig deklarierten Moleküle wie Fluoranthen, 9-Phenyl-Anthracen, Benzo(a)Pyren und Indeno(1,2,3-cd)Pyren blieb ohne Erfolg. Da diese PAHs teilweise immer noch relativ klein sind, ist auch ihr Dampfdruck relativ hoch [104]. Dadurch ist es möglich, dass diese kleinen PAHs bereits verdampft sind, bevor die Banden vermessen werden konnten, welche für deren Identifikation nötig sind. Außerdem sind

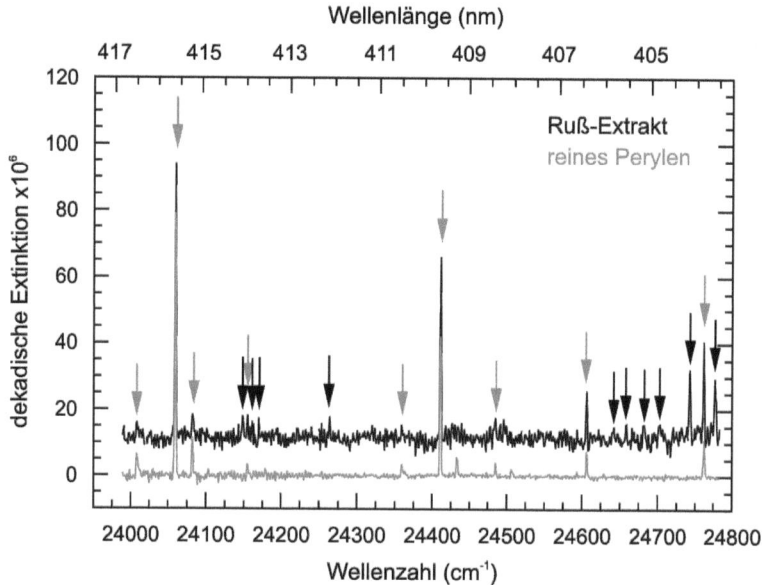

Abb. 6.6: Vergleich der Absorptionsmessungen am Ruß-Extrakt ($T_{Probe} \approx 280$ °C) und an Perylen ($T_{Probe} = 160$ °C). Das Spektrum des reinen Perylens wurde auf die Intensität der $S_1 \leftarrow S_0$-Ursprungsbande von Perylen bei 24059.7 cm^{-1} im Spektrum des Ruß-Extraktes normiert.

in diesem Wellenlängenbereich auch nur relativ wenige Gasphasenspektren von entsprechenden PAHs bekannt. Für eine eindeutige Zuordnung müssten weitere Untersuchungen an den entsprechenden reinen Substanzen in diesem Wellenlängenbereich vorgenommen werden.

In weiteren Absorptionsmessungen, die direkt mit dem Ruß bei deutlich höheren Wellenlängen (430 – 440 nm) durchgeführt wurden, konnten keine messbaren Absorptionsbanden festgestellt werden. In diesem Bereich sind aus der Literatur auch nur die Absorptionsspektren von Tetracen und Ovalen bekannt, welche beide in den HPLC-Analysen entweder garnicht oder nur in sehr geringen Konzentrationen nachgewiesen wurden. Neue Messungen von Absorptionsspektren der unterhalb von 400 °C verdampfbaren Komponenten des Rußes, die in eine Ar-Matrix eingebettet wurden, wiesen ebenfalls keine Banden oberhalb von 433 nm (Ursprungsbande von Perylen in Ar-Matrix) auf.

Erstaunlicherweise konnte auch Fluoranthen trotz der mittels HPLC nachgewiesenen hohen Konzentration (vergleichbar zu Phenanthren) in den Spektren nicht identifiziert werden. Es ist bekannt, dass Fluoranthen im Vergleich zu Perylen bei Raumtemperatur einen um vier Grössenordnungen höheren Dampfdruck aufweist [104]. Somit scheint es durch-

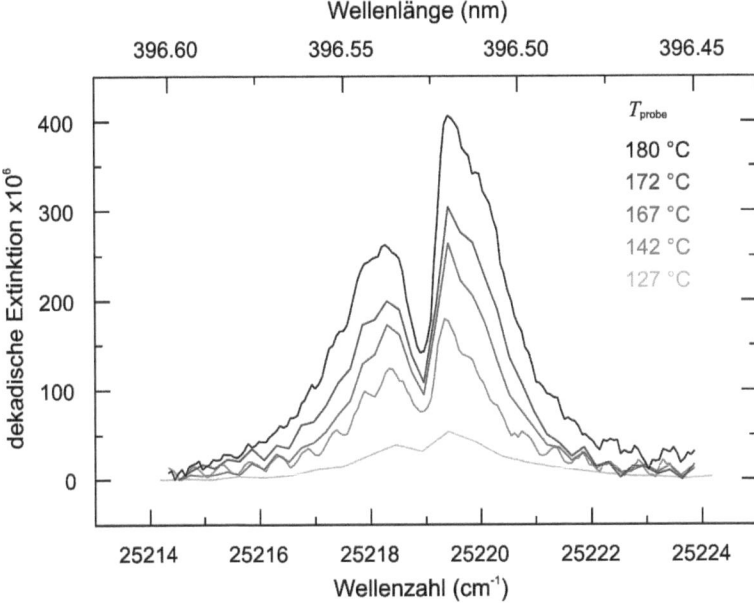

Abb. 6.7: $S_1 \leftarrow S_0$-Ursprungsbande von Fluoranthen bei unterschiedlichen Verdampfungstemperaturen.

aus möglich, dass vor Erreichen der Wellenlänge der Absorptionsbande von Fluoranthen dieses bereits vollständig verdampft wurde und somit nicht mehr nachweisbar war. Um dies zu überprüfen, wurde zunächst eine Mess-Serie mit unterschiedlichen Verdampfungstemperaturen an der reinen Substanz aufgenommen. Hierbei wurde der Wellenlängenbereich der $S_1 \leftarrow S_0$-Ursprungsbande (396.45 – 396.60 nm) mit einer Schrittweite von 0.001 nm und einer Mittelung über 32 Laserpulsen vermessen. Die Probentemperatur wurde im Bereich von 127 – 180 °C variiert. Aufgrund des kleinen Wellenlängenbereiches war es ausreichend, den Untergrund als einen konstanten Wert zu betrachten und dementsprechend zu korrigieren. Eine Auswahl dieser Messungen sind in Abb. 6.7 zu sehen. Anschließend wurde am Ruß-Extrakt derselbe Wellenlängenbereich mit einer Probentemperatur von ca. 190 °C vermessen. Das resultierende Absorptionssignal ist im Vergleich zur reinen Substanz um ungefähr einen Faktor 20 schwächer (Abb. 6.8). Dies ist ein ähnlicher Wert, wie er auch bei Anthracen ermittelt wurde [101]. Es ist ein Indiz dafür, dass die Moleküle auf irgendeine Art an größere Moleküle oder kleine Nanoteilchen gebunden sind, wodurch die Verdampfung erschwert wird. Für den ursprünglichen Ruß ist bekannt, dass die PAHs vorwiegend auf der Oberfläche von Nanoteilchen adsorbiert sind.

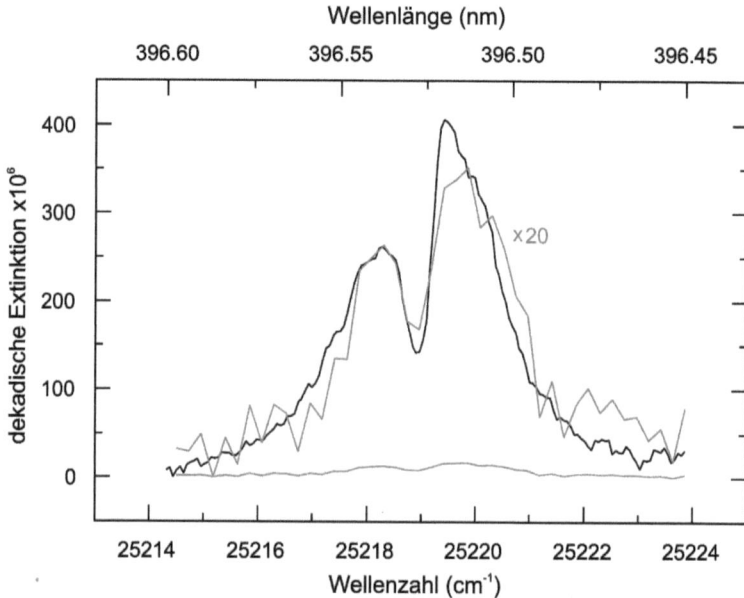

Abb. 6.8: Vergleich der $S_1 \leftarrow S_0$-Ursprungsbanden von Fluoranthen, das als reine Substanz (schwarz, T_{Probe} = 180 °C) und aus dem Ruß-Extrakt (grau, $T_{Probe} \approx$ 190 °C) verdampft wurde.

7 Entwurf und Test der Piuzzi-Quelle

Die im Rahmen dieser Arbeit entwickelte Laserverdampfungsquelle, bei welcher die Verdampfung außerhalb der Düse stattfindet (Abb. 5.5), wurde mit der CRDS-Apparatur getestet. Diese Quelle wurde als erstes mit kleinen PAH-Molekülen charakterisiert. Sie wurde ebenfalls für CRDS-Messungen am Biomolekül Tryptophan verwendet. Schließlich wurden im Rahmen einer Kooperation bei Untersuchungen an unterschiedlichen Matrixmaterialien Tryptophan in einer REMPI-Apparatur, die mit einer sehr ähnlichen Verdampfungsquelle ausgestattet war, als Testmolekül eingesetzt.

7.1 CRDS-Untersuchungen an PAHs

Da Phenanthren relativ leicht zu verdampfen ist, wurden mit diesem PAH die ersten Untersuchungen mit der Laserverdampfungsquelle durchgeführt. Das erhaltene Absorptionsspektrum wurde mit einem Spektrum, das mit der geheizten Quelle aufgenommen wurde, verglichen. Weiterhin wurden das zeitliche Verhalten der Verdampfung sowie das Konzentrationsprofil senkrecht zum Düsenstrahl untersucht. Als weiteres PAH wurde Anthracen untersucht, welches schwerer als Phenanthren zu verdampfen ist. Hiermit wurde die Quelle hinsichtlich der Fluenz- und der Wellenlängenabhängigkeit des Verdampfungsprozesses charakterisiert. Als drittes PAH wurde Fluoren untersucht. Mit diesem Molekül wurde der Einfluss von µm-großen Graphitpartikeln als Matrixmaterial auf die Verdampfung untersucht. Die Strukturen der drei PAH-Moleküle sind in Abb. 7.1 dargestellt.

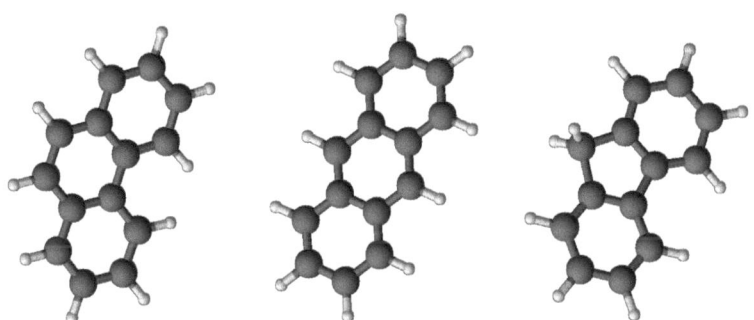

Abb. 7.1: Struktur der untersuchten PAHs Phenanthren (links), Anthracen (Mitte) und Fluoren (rechts).

7.1.1 Phenanthren

Für die ersten Tests der Laserverdampfungsquelle wurde das frequenzverdoppelte Licht (532 nm) eines Nd:YAG-Lasers (Quantel YG 581-20), der mit einer Repetitionsrate von 20 Hz betrieben wurde, mittels 600 µm-Glasfaser (Laser Components HCN-M600T) dicht an eine gepresste Phenanthren-Probe heran geführt. Die Laserleistung wurde mit einem Polarisator (Glan-Laserpolarisator) vor der Einkopplung in die Faser reguliert und nach dem Faseraustritt gemessen. Für die Bestimmung der Fluenz wurde die Laserspotgröße auf Photopapier registriert und betrug ca. 0.78 mm² (Ø ≈ 1 mm). Zur Messung der CRDS-Spektren wurde das frequenzverdoppelte Licht des Farbstofflasers verwendet, der mit dem Farbstoff Rhodamin 6G (Lambda Physik LC5900) in Methanol und einem Gitter mit 2400 Linien/mm betrieben wurde. Für die Frequenzverdoppelung wurde ein KD*P-Kristall (Continuum DCC3) eingesetzt. Das Streulicht vom Farbstofflaser wurde vor dem Detektor (Hamamatsu H6780-02) mit einem Farbfilter (Schott UG11) herausgefiltert.

Im Wellenlängenbereich 277.00 – 283.99 nm wurden sowohl mit der Laserverdampfungsquelle als auch mit der geheizten Quelle Absorptionsspektren aufgenommen. In diesem Bereich befindet sich der $S_2 \leftarrow S_0$-Übergang von Phenanthren. Mit der Laserverdampfungsquelle wurde hierfür der Düsenstrahl in einem Abstand von 4 mm zum Ort der Verdampfung analysiert, während der Abstand bei der geheizten Quelle 2 mm zur Düse betrug. Die Spektren wurden mit einer Schrittweite von 0.01 nm und einer Mittelung über 128 Laserpulse im Falle der Laserverdampfung bzw. 0.005 nm und einer Mittelung über 32 Laserpulsen bei der geheizten Quelle aufgenommen. Bei der geheizten Quelle wurden anschließend die einzelnen Messpunkte paarweise gemittelt, was ebenfalls zu einer effektiven Schrittweite von 0.01 nm und einer Mittelung über 64 Laserpulse führte. Die Probentemperatur betrug 100 °C. Die Fluenz des Verdampfungslasers wurde bei den Untersuchungen soweit erhöht, bis ein annähernd gleich intensives Signal wie bei der geheizten Quelle erhalten wurde. Bei einer Fluenz von 100 mJ/cm² war das Absorptionssignal mit der Laserverdampfungsquelle vergleichbar intensiv zu einer Probentemperatur von 100 °C in der geheizten Quelle. Als Puffergas wurde bei beiden Quellen Ar mit einem Staudruck von 1.5 bar verwendet.

Für eine bessere Vergleichbarkeit der Bandenprofile und relativen Intensitäten der einzelnen Banden wurden die erhaltenen Spektren normiert und in Abb. 7.2 gegenübergestellt. Die beiden Spektren weisen sehr ähnliche Bandenprofile und ähnliche relative Intensitäten auf. Einzig die mit einem Sternchen versehene Bande bei 35728 cm^{-1} ist in beiden Spektren deutlich unterschiedlich intensiv. Diese Bande wurde allerdings auch bei weiteren in diesem Wellenlängen-Bereich durchgeführten Messungen mit der geheizten Quelle nie so stark beobachtet, so dass die Vermutung nahe liegt, dass diese Bande nicht bzw. nur teilweise von Phenanthren verursacht wird. Diese Bande ist zusätzlich deutlich schmaler als alle anderen Banden von Phenanthren.

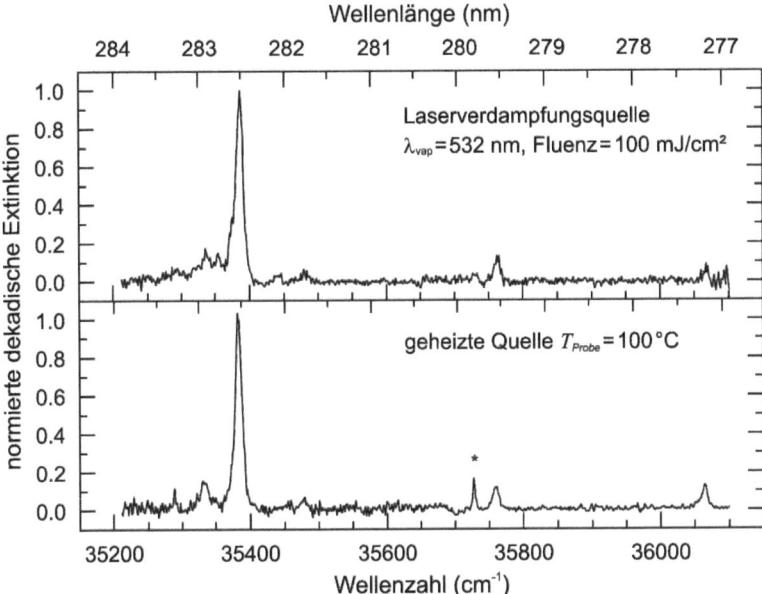

Abb. 7.2: $S_2 \leftarrow S_0$-Ursprungsbande von Phenanthren. Die mit einem Sternchen markierte Bande stammt wahrscheinlich von einer Verunreinigung.

Das Molekülkonzentrationsprofil im Düsenstrahl wurde bereits von Arrowsmith *et al.* [105] mittels LIF und einer ähnlichen Laserverdampfungsquelle in Abhängigkeit von der Delayzeit zwischen Verdampfungslaser und Detektionslaser untersucht. Hierfür verdampften sie Perylen mit einem KrF-Excimerlaser (λ = 248 nm). Sie stellten für zunehmende Verzögerungszeiten zwischen Detektion und Verdampfung eine Verschiebung der maximalen Molekülkonzentration im Düsenstrahl nach unten (unterhalb der geometrischen Molekularstrahlachse) fest. Weiterhin wurde die Abhängigkeit der Konzentration vom Abstand der Probenoberfläche zur Düse untersucht. Es konnte gezeigt werden, dass sowohl die Effizienz der Einkopplung der Moleküle in den Düsenstrahl, als auch die Position der maximalen Konzentration stark vom Abstand abhängen. Eine Vergrößerung des Abstandes reduziert das Signal und verschiebt das Maximum des Konzentrationsprofils nach unten. Die Effizienz der Kopplung und des Konzentrationsmaximums sind ebenfalls von der Wahl des Puffergases und des Staudrucks abhängig. Ar verbessert z.B. die Effizienz und verschiebt die maximale Konzentration im Vergleich zu He nach unten. Der gleiche Effekt wird durch eine Erhöhung des Staudrucks hervorgerufen.

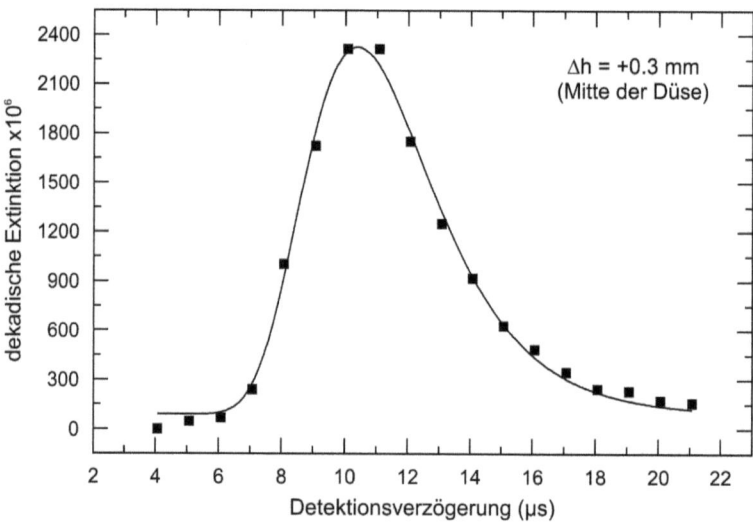

Abb. 7.3: Delay-Abhängigkeit des CRDS Signals.

Aufgrund dieser Ergebnisse haben wir mit unserem System ähnliche Untersuchungen durchgeführt. Es wurde in einem Abstand von 4 mm zum Ort der Verdampfung auf dem Maximum der $S_2 \leftarrow S_0$-Ursprungsbande von Phenanthren bei 282.6 nm auf Höhe der Düsenmitte, wobei die Probenoberfläche ca. 0.3 mm unterhalb der Düsenmitte positioniert wurde, die Abhängigkeit der Absorption von der Zeit zwischen dem Verdampfungslaserpuls und dem CRDS-Laserpuls aufgenommen. Für jede Verzögerungszeit wurde ein Absorptionswert mit Verdampfungslaser und einer ohne Verdampfungslaser gemessen. Die Differenz beider Werte ist in Abb. 7.3 dargestellt. Man sieht, dass die Halbwertsbreite des Verdampfungssignals 6 – 8 µs beträgt und die maximale Absorption bei einer Verzögerung von ca. 11 µs gemessen wird.

Mit derselben Vorgehensweise wurde ebenfalls die Abhängigkeit der Absorption von der Höhe der Resonator-Achse im Vergleich zur Probenoberfläche bestimmt, wobei als Verzögerungszeit 11.07 µs gewählt wurde. Für diese Messungen wurde für jede Höhe ein Absorptionswert mit und ohne Verdampfungslaser gemessen. Die Differenz wird in Abb. 7.4 gezeigt. Das Absorptionsprofil weist eine Halbwertsbreite von ca. 1.3 mm auf, wobei das Maximum ziemlich genau auf Höhe der Probenoberfläche liegt. Aufgrund dieser Ergebnisse wurden in späteren Untersuchungen die Höhe der Resonator-Achse immer auf die Höhe der Probenoberfläche und die Verzögerungszeit auf 11 µs eingestellt.

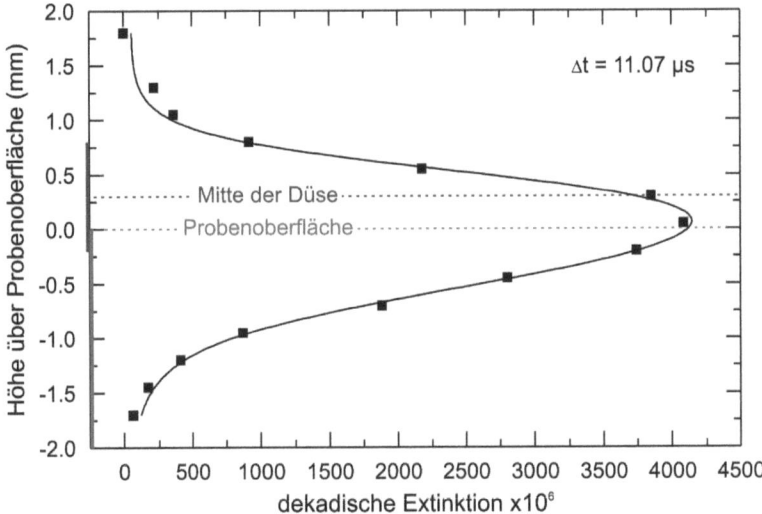

Abb. 7.4: Höhen-Abhängigkeit des CRDS-Signals.

7.1.2 Anthracen

Anthracen weist einen niedrigeren Dampfdruck als Phenanthren auf. Deshalb muss es für Messungen mit der geheizten Quelle auch höher geheizt werden. Da bei Laserverdampfung von Anthracen aus demselben Grund eine höhere Fluenz nötig ist, konnte die Lichtleitfaser nicht mehr verwendet werden, weshalb statt der Lichtleitfaser eine Plan-Konvexlinse (Linos, f = 200 mm) oberhalb der Vakuumkammer und ein Quarzfenster in den Deckel der Vakuumkammer eingebaut wurden. Zusätzlich wurde auf den im experimentellen Aufbau (5.1.1) erwähnten Nd:YAG-Laser (Continuum Minilite II) umgerüstet. Dies ermöglichte den Einsatz sowohl der zweiten Harmonischen (532 nm) als auch der dritten und vierten Harmonischen des Lasers (355 nm bzw. 266 nm) und die Verwendung höherer Laserleistung. Der Laserstrahl wurde mit der Linse auf eine Größe von 0.21 mm² (Ø ≈ 0.52 mm) auf die Probe fokussiert. Der Einfluss der verschiedenen Verdampfungsbedingungen wurde mit Anthracen untersucht. Hierfür wurden die Wellenlängen 532 nm, 355 nm und 266 nm bei verschiedenen Laserfluenzen eingesetzt und Absorptionsspektren im Bereich des $S_1 \leftarrow S_0$-Überganges von 360.80 – 361.65 nm in 0.01 nm Schritten und einer Mittelung über 128 Laserpulse aufgenommen. Um diesen Wellenlängenbereich erreichen zu können, wurden im Farbstofflaser der Farbstoff Pyridin 1 (RadiantDyes LDS698) und das Gitter mit 2400 Linien/mm eingesetzt. Für die Frequenzverdopplung wurde ein KD*P-Kristall (Continuum DCC3) verwendet. Ein Farbfilter (Schott BG39) vor dem Detektor reduzierte den Einfluss des Streulichts vom Farbstofflaser auf die Messung der Abklingzeit. Bei den Messungen mit einer Verdampfungswellenlänge von 532 nm war es zusätzlich nötig, einen schmalbandigen hochreflektierenden Spiegel für 532 nm als weiteren Filter vor dem Detektor anzubringen, um das Streulicht vom Verdampfungslaser herauszufiltern. Vor jeder Messung mit einer bestimmten Fluenz wurde ein Untergrundspektrum ohne Verdampfungslaser aufgenommen. Das anschließend mit Laserverdampfung gemessene Spektrum wurde mit Hilfe des Untergrundspektrums korrigiert. Die Ergebnisse der Untersuchungen, die bereits veröffentlicht wurden [83, 106], sind in Abb. 7.5 dargestellt. Die starke Bande bei 27687.5 cm^{-1}, die mit 0 bezeichnet ist, entspricht der Ursprungsbande und die schwächere (α bezeichnete Bande) bei 27666 cm^{-1}, einer Sequenzbande des $S_1 \leftarrow S_0$-Überganges. Die Sequenzbande kann der $6b_{3g}$-Vibrationsmode zugeordnet werden [13].Für alle drei Verdampfungswellenlängen steigt das Absorptionssignal mit steigender Fluenz an, wobei eine Schwelle beobachtet werden kann, unterhalb welcher keine Verdampfung registrierbar ist.

Zur Klärung des Einflusses der Absorption des Kristallinen Anthracens bei den drei Verdampfungswellenlängen wurde zunächst eine dünne Schicht Anthracen auf ein Quarzfenster aufgebracht. Hierfür wurde Anthracen in Dichlormethan gelöst und einige Tropfen der Lösung auf ein Quarzfenster aufgetragen und das Dichlormethan verdampft. Mit einem

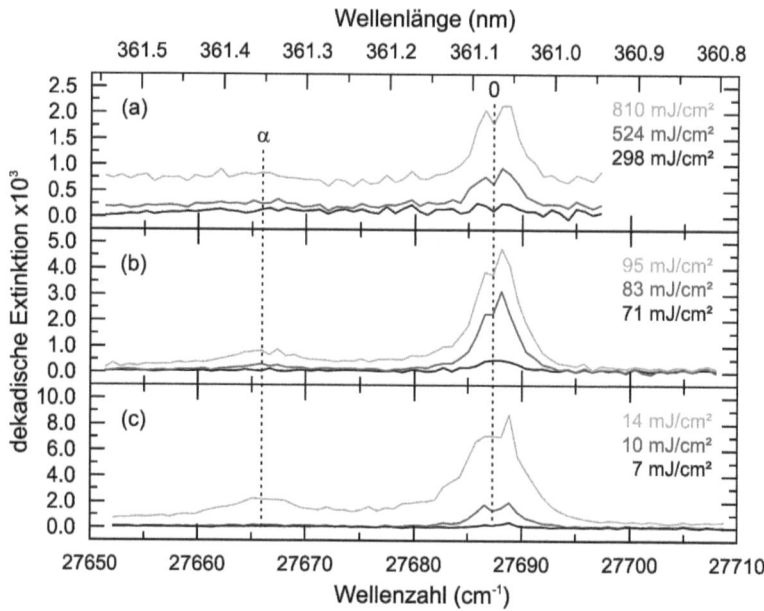

Abb. 7.5: Laserverdampfung von Anthracen bei 532 nm (a), 355 nm (b) und 266 nm (c) in Abhängigkeit von der Verdampfungslaserfluenz. Die $S_1 \leftarrow S_0$-Ursprungsbande ist mit 0 beschriftet. Mit α ist eine Sequenzbande der $6b_{3g}$-Vibrationsmode beschriftet worden.

UV-VIS-NIR-Spektrometer (Jasco V-670) wurde ein Transmissionsspektrum der entstandenen Anthracen-Schicht bestimmt, wobei zuvor das Transmissionsspektrum des unbehandelten Quarzfensters als Referenzspektrum gemessen wurde. Anschließend wurde der Untergrund, welcher unter anderem durch Streuung an Anthracen-Kristallen hervorgerufen wird, durch eine Parabel im langwelligen Bereich des Transmissionsspektrums, welches hierfür über der Wellenzahl (1/λ) aufgetragen wurde, angenähert. Das Transmissionssignal wurden durch den angepassten Untergrund geteilt und aus dem Ergebnis die dekadische Extinktion bestimmt und auf eins normiert. Das so erhaltene Absorptionsspektrum ist in Abb. 7.6 dargestellt.

Vergleicht man die Absorptionssignale im Düsenstrahlexperiment bei den drei verschiedenen Verdampfungswellenlängen, so stellt man fest, dass bei 532 nm eine deutlich höhere Fluenz im Vergleich zu den anderen beiden Wellenlängen nötig ist. Bei 355 nm kann die Fluenz schon niedriger gewählt werden, wobei das Absorptionssignal trotz bis zu 10-mal niedrigerer Fluenz etwa doppelt so intensiv ist. Dies kann mit der deutlich besseren Absorption von festem Anthracen bei 355 nm im Vergleich zu 532 nm begründet werden. Obwohl bei 266 nm die Absorption im Festkörper ungefähr der von 355 nm entspricht, kann hier die deutlich niedrigste Fluenz gewählt werden und trotzdem ein annähernd doppelt so starkes Signal erhalten werden.

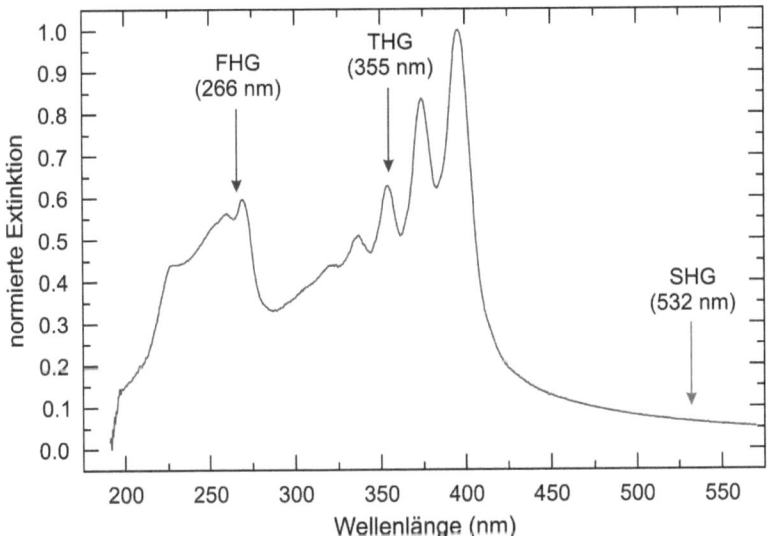

Abb. 7.6: **Normiertes Absorptionsspektrum einer dünnen Schicht aus Anthracen.** Zum Vergleich der Absorptionen bei den verschiedenen für Laserverdampfung verwendbaren Wellenlängen sind diese durch Pfeile über dem Spektrum markiert. SHG steht für Frequenzverdoppelung, THG für Frequenzverdreifachung und FHG für Frequenzvervierfachung.

Variiert man die Verdampfungsfluenz so, dass mit allen drei Verdampfungswellenlängen sehr ähnliche Rotations- und Vibrationstemperaturen erhalten werden, erhält man mit 355 nm als Verdampfungswellenlänge das stärkste Signal. Somit ist die dritte Harmonische des Nd:YAG-Lasers (355 nm) am besten für die Verdampfung von Anthracen geeignet, wenn bestmögliche Kühlung erreicht werden soll. Für ein möglichst starkes Signal ist allerdings die vierte Harmonische (266 nm) besser geeignet.

In Abb. 7.7 werden die beiden Spektren, die mit Laserverdampfung bei 355 nm und 266 nm gemessen wurden, zweien mit der geheizten Quelle gemessenen Spektren gegenübergestellt. Die Temperatur wurde bei der in der Abbildung schwarz dargestellten Messung mit der geheizten Quelle am Heizelement auf 150 °C eingestellt. Es ist ersichtlich, dass die Spektren mit Laserverdampfung deutlich höhere Rotationstemperaturen aufweisen, was an der Breite der Banden zu erkennen ist. Ebenfalls ist die Sequenzbande deutlich intensiver als mit der geheizten Quelle, was auf eine höhere Vibrationstemperatur hindeutet. Die Sequenzbande ist mit der geheizten Quelle erst bei deutlich höheren Verdampfungstemperaturen (T_{Heizer} = 260 °C) erkennbar (dunkelgraue Kurve in Abb. 7.7), wobei dann die Ursprungsbande auch deutlich stärker wird und nicht mehr gemessen werden kann.

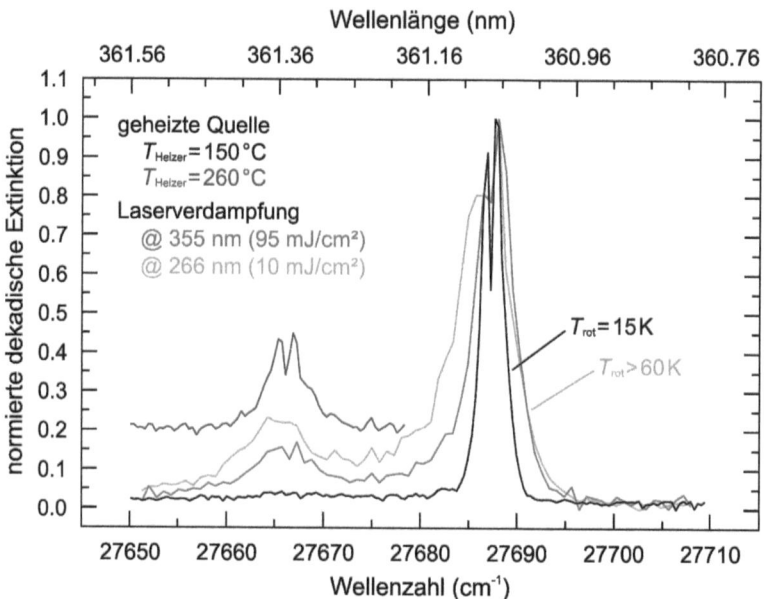

Abb. 7.7: Vergleich der Absorptionsspektren von Anthracen nach Laserverdampfung und nach konventionellem Heizen im Bereich der $S_1 \leftarrow S_0$-Ursprungsbande.

Die vergleichsweise schlechte Kühlung liegt vor allem daran, dass die Verdampfung außerhalb der Düse stattfindet, wodurch nur ein Teil der Expansion des Puffergases zur Kühlung ausgenutzt wird. Eine bessere Kühlung wäre möglich, wenn die Verdampfung in der Düse stattfindet. Hierfür wurde eine weitere Laserverdampfungsquelle entwickelt, welche im Kapitel 8 behandelt wird.

7.1.3 Fluoren

Mit einem weiteren relativ kleinen PAH (Fluoren), dessen Struktur in Abb. 7.1 auf der rechten Seite dargestellt ist, wurde der Einfluss von Graphit als Matrixmaterial untersucht. Hierfür wurde jeweils eine Probe aus reinem Fluoren und eine aus einer Mischung aus Fluoren und synthetischem Graphit (Massenverhältnis 4:1) präpariert und im Farbstofflaser zum Farbstoff Rhodamin B (LaserPhysik) in Methanol gewechselt. Es wurden mit beiden Proben Absorptionsspektren im Bereich der $S_1 \leftarrow S_0$-Ursprungsbande von Fluoren (285.75 – 286.5 nm) mit einer Schrittweite von 0.01 nm und einer Mittelung über 64 Laserpulse aufgenommen. Zur Korrektur der durch die Resonatorspiegel verursachten Verluste wurde jeweils ein Spektrum ohne Verdampfungslaser aufgenommen und anschließend vom Spektrum mit Laserverdampfung subtrahiert. Bei beiden Proben wurde eine Verdampfungslaserfluenz von 60 mJ/cm² bei einer Wellenlänge von 532 nm verwendet. In

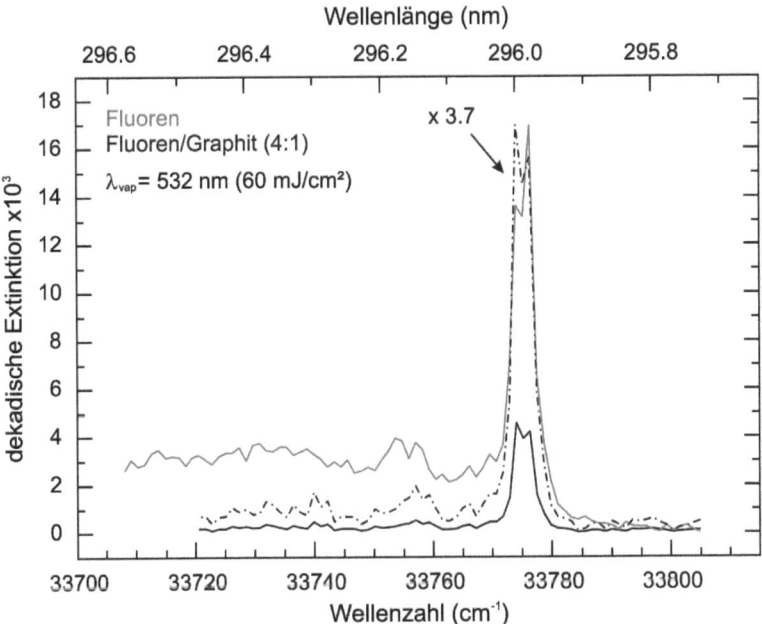

Abb. 7.8: Vergleich der Absorptionsspektren von Fluoren im Bereich der $S_1 \leftarrow S_0$ Ursprungsbande mit Laserverdampfung der reinen Substanz und einer Mischung mit Graphitpulver.

den Spektren, welche in Abb. 7.8 dargestellt sind, ist erkennbar, dass das Absorptionssignal mit der gemischten Probe etwa viermal kleiner ist. Allerdings ist auch die Rotationstemperatur etwas niedriger. Das kleinere Signal könnte zwei Ursachen haben. Zum Einen wäre eine längere Verdampfungszeit denkbar, was auch wünschenswert wäre. Zum Anderen könnte durch die geringe Dichte des Fluorens in der Probe und die deutlich höhere Absorption des Graphits weniger Fluoren verdampft worden sein. Um die Verdampfungsverlängerung zu prüfen, wäre eine zeitabhängige Messung, wie sie mit reinem Phenanthren durchgeführt wurde, notwendig. Zusätzlich könnte man Massenspektroskopie an beiden Proben durchführen, womit direkt die Konzentration der verdampften Moleküle und das Zeitverhalten untersucht werden könnte.

7.2 CRDS-Untersuchungen an Tryptophan

Wie bereits in der Einleitung erwähnt, ist Tryptophan (Trp, $C_{11}H_{12}N_2O_2$) eines der Biomoleküle, welches in Meteoriten nachgewiesen werden konnte [49]. Deshalb ist es ein interessanter Kandidat für eine mögliche Identifikation im interstellaren Raum. Es wurden bereits einige spektroskopische Untersuchungen in Überschallmolekularstrahlen durchgeführt. Unter anderem sind dies Untersuchungen mit REMPI [78, 107, 108, 109], LIF [108, 110, 111], UV-UV-Doppelresonanzexperimenten [78, 109] und IR-UV-Doppelresonanzexperimenten [109].

Ein Ergebnis dieser Untersuchungen ist die Existenz von sechs Konformeren, welche meist mit A – F bezeichnet werden. Ihre Existenz wurde zunächst durch fluenzabhängige REMPI-Messungen gezeigt [107]. Später wurde deren Existenz durch Messungen mittels UV-UV-Doppelresonanz (spekektrales Lochbrennen, SHB) und IR-UV-Doppelresonanz bestätigt [78, 109]. Für die Zuordnung von Molekülstrukturen zu einzelnen Konformeren haben schließlich *ab initio*-Berechnungen beigetragen [109]. All diese Konformere existieren sowohl im elektronischen Grundzustand (S_0) als auch im ersten elektronisch angeregten Zustand (S_1) und wandeln sich auch nicht während der Lebensdauer des angeregten Zustands in einander um [107, 108]. Es besteht ein gravierender Unterschied zwischen Konformer A und allen anderen. Konformer A zeigt eine kürzere Fluoreszenzlebensdauer [110] und eine starke, breite und zu längeren Wellenlängen verschobene Emission [108, 110]. Diese breiten, rot verschobenen Emissionsbanden wurden anfänglich Fluoreszenzbanden eines angeregten Zustands einer Zwitterionenform des Konformers A zugeschrieben [108]. Diese Interpretation wurde später verworfen, als festgestellt wurde, dass die rot verschobene Emission lediglich ein Spiegelbild des höherenergetischen Bereichs des Anregungsspektrums mit verbreiterten Banden darstellt [109, 112].

Bis jetzt sind noch keinerlei direkte Absorptionsmessungen in Überschallmolekularstrahlen an Tryptophan bekannt. Die bisher verwendeten indirekten Techniken benötigen einen zweiten Prozess, um die Absorption nachzuweisen. Diese sekundären Prozesse (z.B. Absorption eines weiteren Photons zur Ionisation oder Fluoreszenz, aber auch nicht

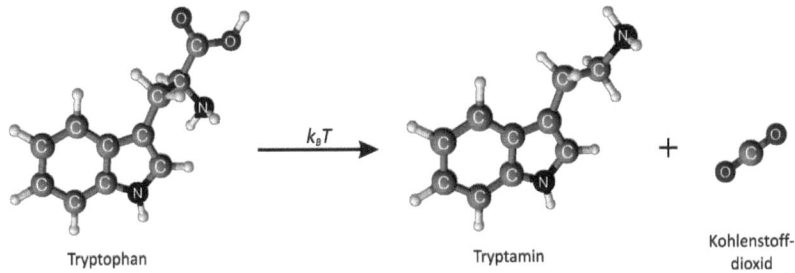

Abb. 7.9: Thermische Zersetzung von Tryptophan zu Tryptamin im Festkörper.

strahlende Abregungsprozesse) können miteinander konkurrieren und so die gemessenen Spektren im Vergleich zu direkten Absorptionsspektren beeinflussen. Für eine komplette Beschreibung der Photophysik dieses Moleküls ist es somit notwendig, die Ergebnisse aller Techniken gegenüberzustellen.

In unserer Arbeitsgruppe wurde aus diesem Grund die direkte Absorption mittels CRDS im Bereich der $S_1 \leftarrow S_0$-Ursprungsbande gemessen. Die Ergebnisse wurden bereits veröffentlicht [113, 114]. Hierbei haben wir zwei Strategien verfolgt, um Tryptophan zu verdampfen. Zum Einen haben wir die kristalline Probe innerhalb der geheizten Quelle bei einer Temperatur von ca. 270 °C verdampft. Zum Anderen wurde die Piuzzi-Quelle verwendet, wobei beide Hälften einer Tryptophan-Tablette dicht vor der Düse befestigt wurden. In der kondensierten Phase liegt Tryptophan in der Form eines Zwitterions vor, welches beim längeren Aufheizen durch eine Decarboxylierungsreaktion zerfallen kann (siehe Abb. 7.9) [107, 115]. Da der absolute Wärmeeintrag in die Probe bei der Laserverdampfung viel kleiner ist als bei der geheizten Quelle, können wir erwarten, dass die thermische Zersetzung von Tryptophan zu Tryptamin bei der Laserverdampfung geringer ist. Die Zerfallsreaktion sowie die Strukturen der beiden Moleküle sind in Abb. 7.9 dargestellt.

Wir haben Absorptionsspektren mit beiden grundsätzlichen Verdampfungsverfahren (thermisches Heizen und Laserverdampfung) aufgenommen, um die Effizienz beider Systeme mit einander zu vergleichen. In beiden Fällen wurde L-Tryptophan (Fluka, Reinheit ≥ 99.5 %) verwendet. Für die Messungen mit thermischem Heizen wurde das Tryptophan pulver in der bereits beschriebenen geheizten Quelle verwendet und auf Temperaturen im Bereich von 200 – 300 °C geheizt. Als Puffergas wurde He (Air Liquide, Reinheit 4.6) bei einem Druck von 1.5 bar eingesetzt. Auch wenn Ar eine bessere Kühlung der Moleküle im Molekularstrahl verspricht, wurde in diesem Fall darauf verzichtet, da mit Ar als Puffergas starke breite Banden im Absorptionsspektrum von Tryptophan beobachtet wurden. Diese Banden werden vermutlich von Komplexen mit Ar hervorgerufen. Für die Laserverdampfungsquelle wurde das Tryptophanpulver zu einer 2 mm dicken Tablette (Ø 12 mm) gepresst. Diese wurde halbiert und beide Hälften nebeneinander in den Probenhalter eingebaut. Auch wenn mit der geheizten Quelle Ar-Komplexe beobachtet wurden, haben wir bei der Laserverdampfungsquelle Argon als Puffergas eingesetzt, um eine möglichst gute Kühlung zu erhalten. Unter diesen Bedingungen wurden hierbei keine Komplexe beobachtet, was daran liegt, dass die verdampften Moleküle erst nach Beginn der Expansion in den Ar-Strahl eingebracht werden. Das beste Signal-zu-Rausch-Verhältnis wurde erreicht, wenn für die Bestimmung der Abklingzeit das Signal über ein Zeitintervall von 3.4 µs ausgewertet wurden. Die Energie des Verdampfungslasers wurde mit einem Glan-Laserpolarisator geregelt und direkt vor dem Fenster der Vakuumkammer gemessen.

Für die CRDS-Messungen wurde Rhodamin 6G (Lambda Physik LC5900) als Farbstoff verwendet, welcher in Methanol gelöst wurde. Der Farbstofflaser wurde hierbei mit einem Einzelgitter mit 2400 Linien pro mm betrieben und das emittierte sichtbare Licht mit einem KD*P-Kristall (Continuum DCC3) frequenzverdoppelt, was in einer Breite der Laserlinie von ca. 0.4 cm^{-1} im UV-Bereich resultiert. Der erhaltene UV-Laserstrahl wurde in den 1 m langen Resonator eingekoppelt. Die verwendeten Spiegel (JAE, 290 nm) wiesen eine Reflektivität von mindestens 0.99978 bei 286.5 nm auf, was durch Messungen im evakuierten Resonator bestätigt wurde. Um eventuell auftretendes Streulicht heraus zu filtern, wurde ein Farbfilter (Schott UG11) vor dem Detektor (Hamamatsu H6780-04) eingebaut. Zur Wellenlängenkalibrierung wurden zum Einen acht Ne I-Linien im Bereich 565 – 577 nm vermessen, um die eventuelle Nichtlinearität der Wellenlängendurchstimmung zu korrigieren. Zum Anderen wurde gleichzeitig mit dem CRDS-Signal auch das Signal der Hohlkathodenlampe aufgezeichnet und so in jedem gemessenen Wellenlängenbereich die Position mindestens einer starken Ne I-Linie beobachtet. Diese Prozedur führte zu einer Genauigkeit der Wellenzahlbestimmung von 0.1 cm^{-1} im gemessenen UV-Bereich.

Abb. 7.10 zeigt Absorptionsspektren von L-Tryptophan, welche mit der geheizten Quelle bei verschiedenen Temperaturen in einem Abstand von 4 mm vor der Düse aufgenommen wurden. Jeder einzelne Messpunkt entspricht einer Mittelung über 64 Laserpulse. Die Wellenlänge wurde in 0.005 nm Schritten von 285.65 - 287.35 nm durchgestimmt. Im Spektrum können verschiedene Absorptionsbanden identifiziert werden, welche den $S_1 \leftarrow S_0$-Ursprungsbanden der bereits bekannten Konformere A – F zugeordnet werden können, was durch die entsprechende Beschriftung in Abb. 7.10 (c) deutlich gemacht wird. Für das Konformer A können neben der Ursprungsbande eine Reihe von Vibrationsbanden beobachtet werden, welche alle zur gleichen Schwingung gehören. Dem wird durch die Beschriftung der Banden mit A_0^k Rechnung getragen, wobei k die Schwingungsquantenzahl im elektronisch angeregten Zustand darstellt. Die Spektren wurden direkt nacheinander aufgenommen, wobei die Temperatur des Heizers zuerst auf 261 °C, anschließend auf 267 °C und schließlich auf 270 °C eingestellt wurde. Die Bandenprofile und relativen Intensitäten sind im Verlauf der Messungen gut reproduzierbar. Auch der durch Erhöhung der Temperatur hervorgerufene Anstieg der Absorption wird für alle Konformere gut wiedergegeben. Allerdings sieht man auch einige Banden, welche sich in Ihrem Verhalten

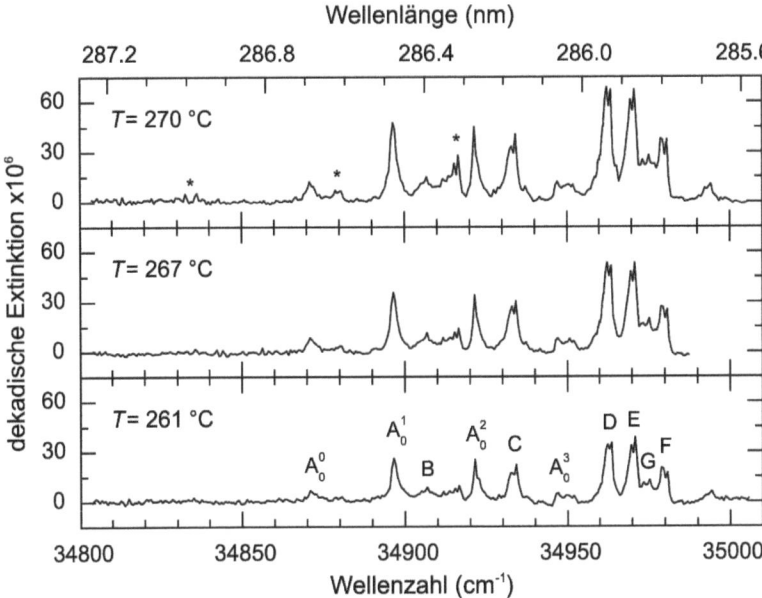

Abb. 7.10: $S_1 \leftarrow S_0$-Absorptionsspektren von L-Tryptophan mit der geheizten Quelle als Funktion der Düsentemperatur. Die jeweilige Temperatur ist im Bild angegeben. Als Puffergas wurde He verwendet. Zu beachten ist, dass die Intensität der Banden mit der Temperatur ansteigt. Banden, welche im obersten Spektrum mit einem Sternchen markiert wurden, sind Banden des Zerfallsproduktes Tryptamin.

stark von denen des Tryptophans unterscheiden. Diese Banden wurden in Abb. 7.10 (a) mit Sternchen gekennzeichnet. Die Intensität dieser Banden, von denen die stärkste bei 34916 cm^{-1} liegt, steigt kontinuierlich mit der Zeit an. Dies fällt besonders auf, wenn man mehrere Spektren bei konstanter Temperatur nach einander aufnimmt. Wir ordnen diese Banden Tryptamin zu.

Wie bereits erwähnt, zerfällt Tryptophan bei entsprechend hohen Temperaturen thermisch zu Tryptamin [107, 115]. Tryptamin besitzt seinerseits Absorptionsbanden im gemessenen Wellenlängenbereich. Um diese Banden mit Sicherheit Tryptamin zuordnen zu können, haben wir im gleichen Wellenlängenbereich ein Absorptionsspektrum des reinen Tryptamins (Sigma, Reinheit ≥ 99 %) aufgenommen. Dieses Spektrum ist in Abb. 7.11 (a) dargestellt. Um dieses Spektrum zu erhalten, war es ausreichend, eine Temperatur von 144 °C am Heizer einzustellen. Es bleibt festzuhalten, dass unter Vernachlässigung feiner Details, die gemessenen Absorptionsspektren von Tryptophan aus Abb. 7.10 den bereits veröffentlichten REMPI-Spektren [78, 108, 116] und LIF-Spektren [110, 117] sehr ähnlich sind.

Ein Vergleich der beiden oberen Spektren in Abb. 7.11 zeigt klar, dass Tryptophan bereits bei Temperaturen um die 270 °C thermisch zu Tryptamin zersetzt wird. Die thermische

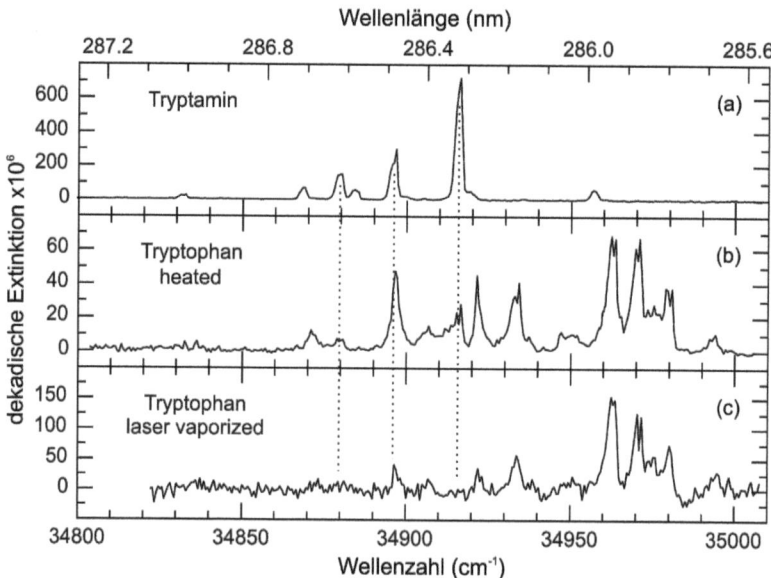

Abb. 7.11: $S_1 \leftarrow S_0$-Absorptionsspektrum des Hauptzerfallsproduktes Tryptamin (a) im Vergleich mit Tryptophan Spektren (b) und (c). Das mittlere Spektrum ist dasselbe, welches bereits in Abb. 7.10 (a) für 270 °C gezeigt wurde. Das untere Spektrum wurde mit der Laserverdampfungsquelle erhalten. Zu beachten ist, dass im untersten Spektrum keine Banden von Tryptamin beobachtet werden.

Zersetzung kann man wie folgt verstehen (vgl. dazu Abb. 7.9). In der festen Phase liegt das häufigste Konformer A als Zwitterion vor. Dies bedeutet, dass das Wasserstoffatom der Carboxylgruppe als positive Ladung an die Aminogruppe geht und dort NH_3^+ bildet, wodurch der Rest der Carboxylgruppe als COO^- zurück bleibt. Durch Abspaltung von CO_2 und der Remigration des Protons unter Bildung einer CH_2-Gruppe bildet sich schließlich Tryptamin [115].

Das Absorptionsspektrum des Konformers A von Tryptophan unterscheidet sich von den anderen Konformeren in zwei Dingen. Erstens beinhaltet das Spektrum von Konformer A eine Schwingungsprogression, welche bereits von REMPI- und LIF-Untersuchungen bekannt und mit einer Frequenz von 26 cm^{-1} angegeben ist [107, 108]. Die Frequenz dieser Schwingung haben wir mit 25.5 cm^{-1} bestimmt. Nach [107] deutet die Intensitätsverteilung dieser Progression darauf hin, dass sich die Koordinate für diese Schwingung signifikant ändert, wenn das Molekül in den elektronisch anregten Zustand überführt wird. Zweitens zeigen die Rotationsprofile von Konformer A nur ein Maximum und haben eine Halbwertsbreite von ca. 2 cm^{-1}, während die Banden der anderen Konformere zwei Maxima aufweisen, welche dem P- und R-Zweig des Rotationsübergangs zugeordnet werden können. Außerdem weisen diese Banden eine deutlich größere Halbwertsbreite von

3.5 cm^{-1} auf. Dieses zweite Merkmal wurde bisher noch nie in Veröffentlichungen erwähnt.

Das Absorptionsspektrum von Tryptophan, das mittels Laserverdampfung in die Gasphase gebracht wurde, ist in Abb. 7.11 (c) zu sehen. Um vergleichbare Verdampfungsbedingungen zu Piuzzi et al. [78] zu erhalten, wurde als erstes die Laserverdampfung einer mit Graphit vermischten Probe (Massenverhältnis Tryptophan zu Graphit 4:1) mit 532 nm als Verdampfungswellenlänge durchgeführt. In dieser Situation absorbiert das Graphit das Laserlicht und heizt sich und die Tryptophan-Kristalle auf, von deren Oberfläche dann Tryptophan verdampft. Unter diesen Bedingungen war es allerdings nicht möglich, Absorptionsbanden von Tryptophan mittels CRDS aufzunehmen. Dieses Ergebnis lässt sich mit der niedrigeren Empfindlichkeit der CRDS- gegenüber der REMPI-Technik, welche Piuzzi et al. verwendet haben, erklären.

Absorptionsmessungen an kristallinem Tryptophan zeigen, dass auch eine Wellenlänge von 266 nm zur Verdampfung einer reinen Tryptophan-Probe verwendet werden kann. Diese Wellenlänge wird von der festen Tryptophan-Probe deutlich besser absorbiert [118, 119]. Dies zeigen auch eigene Absorptionsmessungen an einer dünnen Schicht aus Tryptophan auf Quarzglas (Abb. 7.12), welche aus einer Tryptophan-Ethanol-Lösung abgeschieden wurde. Der Untergrund wurde hierbei heraus gerechnet, indem im lang-

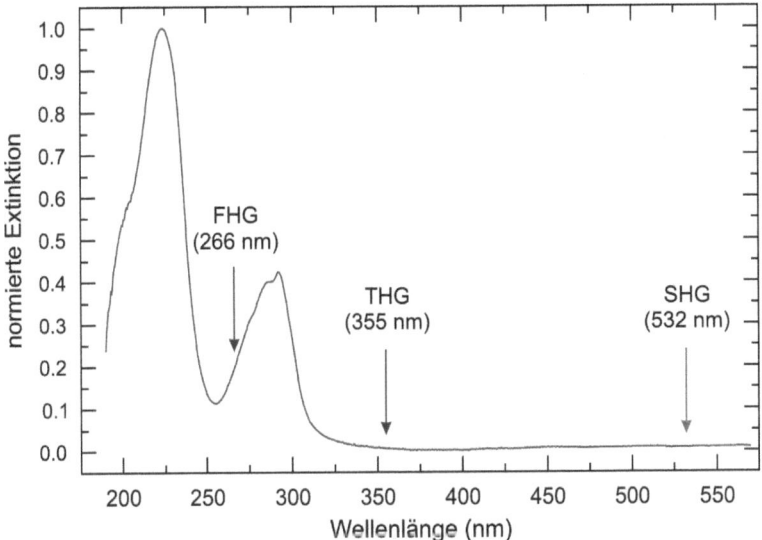

Abb. 7.12: Normiertes Absorptionsspektrum einer dünnen Schicht aus Tryptophan. Zum Vergleich der Absorptionen bei den verschiedenen für Laserverdampfung verwendbaren Wellenlängen sind diese durch Pfeile über dem Spektrum markiert. SHG steht für Frequenzverdoppelung, THG für Frequenzverdreifachung und FHG für Frequenzvervierfachung.

welligen Bereich des Spektrums die Transmission über der Wellenzahl ($1/\lambda$) aufgetragen und durch eine Parabel angenähert wurde. Anschließend wurde das Transmissionssignal durch den angepassten Untergrund dividiert.

Das in Abb. 7.11 (c) gezeigte Spektrum wurde mit einer reinen Tryptophan-Probe und einer Verdampfungswellenlänge von 266 nm aufgenommen. Die Fluenz des Verdampfungslasers wurde zu 17 mJ/cm² auf der Probenoberfläche abgeschätzt, wobei der Laser einen Strahldurchmesser von ca. 0.3 mm aufwies. Der Molekularstrahl wurde in einem Abstand von 4 mm zum Verdampfungsort mit CRDS analysiert. Die verwendete Fluenz ist um eine Größenordnung unterhalb der Ionisationsschwelle, über welcher ein großer Anteil der Moleküle direkt als Ionen verdampft wird [118]. Die Vorteile der Laserverdampfungsquelle gegenüber der geheizten Quelle werden bei einem Vergleich der Absorptionsspektren (Abb. 7.11 (c) und Abb. 7.11 (b)) deutlich. Zum Einen kann mit der Laserverdampfung eine größere Absorption detektiert werden, was auf eine höhere Tryptophan-Konzentration während des für die Messung der Abklingzeit nötigen Zeitraums schließen lässt. Zum Zweiten wurden, auch nach langer Experimentierdauer, keine Banden von Tryptamin beobachtet. Auf der anderen Seite war das Signal-zu-Rausch-Verhältnis deutlich schlechter, obwohl das Signal bereits viermal länger gemittelt wurde als bei der geheizten Quelle (256 Laserpulse verglichen zu 64 Laserpulse). Dies ist zum Einen auf die hohe Fluktuation der Molekülkonzentration im Düsenstrahl von einem Laserpuls zum Nächsten zurück zu führen. Nachdem der Verdampfungslaser in der Probe absorbiert wurde, kann die Verdampfung mehr oder weniger schnell vonstattengehen, und zusätzlich verlassen die Moleküle die Probenoberfläche möglicherweise in verschiedenen Richtungen. Dies kann an der heterogenen Struktur der Tablette liegen, welche aus zusammengepressten Kristallen besteht. Zusätzlich schwankt die Laserleistung des Verdampfungslasers von Puls zu Puls laut Herstellerangaben um bis zu 8 % [120]. Als weiterer Punkt kommt der Zeitbereich in dem die Abklingkurve ausgewertet werden kann hinzu. Da die Verdampfung auf eine Zeit von einigen Mikrosekunden beschränkt ist, wurde mit Laserverdampfung das beste Signal-zu-Rausch-Verhältnis erhalten, wenn die Abklingzeit aus einem Zeitintervall von 3.4 µs der Abklingkurve ausgewertet wurde. Im Gegensatz dazu, konnte die Abklingzeit mit der geheizten Quelle über 34 µs berechnet werden, was dem Limit aufgrund der Reflektivität der Spiegel entspricht. Dies verbessert die Genauigkeit der Anpassung der Abklingkurve mit einem exponentiellen Abfall und verringert somit die Schwankungen im Absorptionssignal.

7.3 REMPI-Untersuchungen an Tryptophan

Bei unserem Kooperationspartner in Saclay (Frankreich) wurden Untersuchungen durchgeführt, die zum Ziel hatten, eine optimale Matrix für Laserverdampfung von z.B. Tryptophan zu finden, durchgeführt. Hierfür wurde eine REMPI-Apparatur verwendet, da es so möglich war direkt die resultierenden Massenspektren als auch die REMPI-Spektren bei

Tab. 7.1: Verwendete Matrixmaterialien und deren zugehöriges Massenverhältnis.

Matrixmaterial	Hersteller, Produktname	Größe	Massenverhältnis (Tryptophan : Matrix)
synthetischer Graphit	Aldrich, synthetischer Graphit	Ø < 20 µm	4 : 1
Kohlenstoff-Nanopartikel	Degussa, FW200	Ø 13 nm	4 : 1
Kohlenstoff-Nanoröhrchen	Martine Mayne (Saclay), Probe S140	Ø ≈ 50 nm, L ≈ 20 µm	6.5 : 1
Silicium-Nanoteilchen	Nathalie Herlin (Saclay), Probe 150	Ø 20 nm	2 : 1

Verwendung der verschiedenen Matrixmaterialien mit einander zu vergleichen. Als Matrixmaterialien wurden verschiedene kohlenstoffbasierte Materialen (synthetischer Graphit Ø < 20 µm, Kohlenstoff-Nanopartikel Ø 13 nm und Kohlenstoff-Nanoröhrchen) sowie Silicium-Nanoteilchen (Ø 20 nm) verwendet. Der synthetische Graphit (Aldrich) sowie die Kohlenstoff-Nanoteilchen (Degussa FW200) waren kommerzielle Pulver, während sowohl die Kohlenstoff-Nanoröhrchen als auch die Silicium-Nanoteilchen von einer Forschungsguppe in Saclay zur Verfügung gestellt wurden. Die jeweiligen Matrixmaterialien wurden mit Tryptophan in dem in Tab. 7.1 angegebenen Verhältnis in einem Mörser gemischt und anschließend ca. 300 mg dieser Mischung bei 8 t in einer hydraulischen Presse zu einer ca. 2 mm dicken Tablette (Ø 12 mm) gepresst. Die erhaltene Tablette wurde in zwei Hälften geteilt und am Probenhalter befestigt.

7.3.1 Vergleich der Massenspektren

Die ersten Untersuchungen beschäftigten sich mit dem möglichen Einfluss des verwendeten Matrixmaterials auf das Massenspektrum von Tryptophan. Hierfür wurden für die verschiedenen Proben bei variablen Verdampfungsenergien das Tryptophan verdampft und bei einer Wellenlänge von 280 nm ionisiert. Die erhaltenen Ionensignale wurden anschließend für jede Verdampfungsenergie über 400 Laserpulse gemittelt und eine optimale Verdampfungsenergie für jede Probe ermittelt. Auf diese Art wurde herausgefunden, dass die auf Kohlenstoff basierenden Matrizen bei niedrigerer bis vergleichbarer Verdampfungslaserleistung zu einem stärkeren Signal im Vergleich zur auf Silicium basierenden

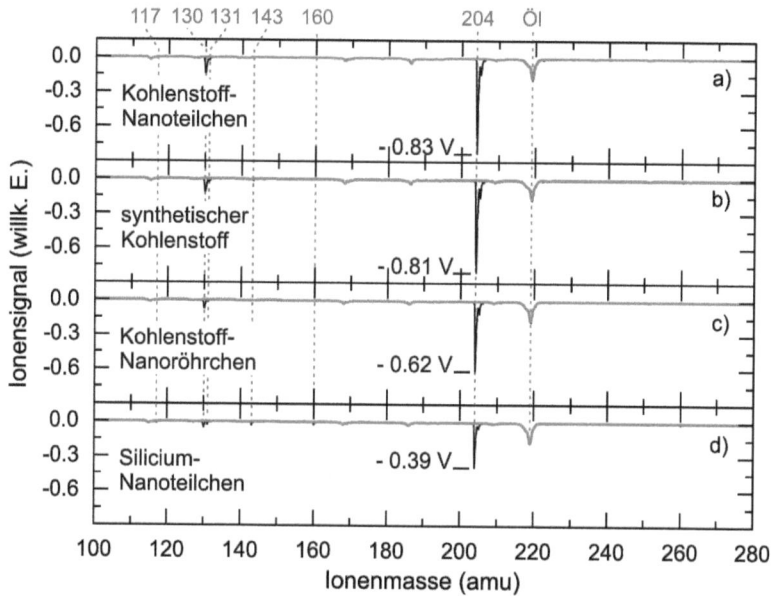

Abb. 7.13: Massenspektrum von Tryptophan mit Matrix aus a) Kohlenstoff-Nanoteilchen (200 µJ, 700 µJ), b) spektroskopischem Kohlenstoff (270 µJ, 520 µJ), c) Kohlenstoff-Nanoröhrchen (70 µJ, 480 µJ) und d) Silicium-Nanoteilchen (270 µJ, 500 µJ). Die in Klammern angegebenen Energien beziehen sich jeweils auf den Verdampfungslaser (erster Wert) und den Ionisationslaser (zweiter Wert). Die Wellenlänge des Verdampfungslasers betrug 532 nm und die des Ionisationslasers 280 nm. Die jeweiligen Untergrundspektren (graue Kurven) wurden ohne Laserverdampfung gemessen.

Matrix führten (Abb. 7.13). Es ist bereits hier auffällig, dass mit der auf Kohlenstoff-Nanoröhrchen basierenden Matrix eine deutlich niedrigere Laserenergie für die Verdampfung verwendet werden konnte (70 µJ), während diese für die anderen drei Proben etwa gleich groß war (200 – 270 µJ). Weiterhin ist zu beachten, dass die Laserenergie des Ionisationslasers im Falle der Kohlenstoff-Nanoteilchen-Probe um den Faktor 1.5 höher war, wodurch einerseits eine höhere Ionenausbeute, andererseits aber auch eine stärkere Fragmentierung erhalten wurde. Nach Abzug des Untergrundsignals (Ölspektrum) und Normierung des Signals auf das Ionensignal des Muttermolekülions bei m/z = 204 amu sieht man, dass die Matrix mit Kohlenstoff-Nanoteilchen eine stärkere thermische Zerstörung von Tryptophan als die Matrix mit Kohlenstoff-Nanoröhrchen aufweist (Ionensignal bei 117, 131 und 160 amu) (siehe Abb. 7.14). Die thermische Zerstörung ist nochmals erhöht, wenn man synthetischen Graphit als Matrix verwendet und schließlich noch stärker für die auf Silicium-Nanoteilchen basierende Matrix. Weiterhin erkennt man in den Massenspektren mit den Kohlenstoff-Nanoteilchen eine leicht stärkere Intensität des Ionensignals bei 130 amu. Bei dieser Masse wird ein Fragmention des Molekülions nachgewiesen, bei dem die Carboxylgruppe abgespalten wird. Diese erhöhte Fragmentierung erklärt sich durch die in diesem Experiment erhöhte Ionisationslaserenergie von 700 µJ gegenüber ca. 500 µJ in den anderen Experimenten. Die Herkunft der Ionensignale bei 143 und 260 amu im Spektrum ist bisher unklar; eventuell stammen sie von Verunreinigungen in der Probe. Diese Ionensignale sind sowohl mit Kohlenstoff als auch Silicium als Matrixmaterial detektiert worden, auch wenn sie mit bei auf Kohlenstoff basieren-den Matrizen deutlich schwächer waren. In zukünftigen Experimenten muss noch geklärt werden, inwiefern die verwendeten Mischungsverhältnisse von Matrixmaterial zu Tryptophan bereits optimal für REMPI-Untersuchungen bzw. gar CRDS-Untersuchungen sind.

Durch Veränderung der Zeit zwischen dem Öffnen der Düse und dem Verdampfungslaserpuls kann das Verhältnis der Ionensignale vom Molekülion zu Clusterionen so verändert werden, dass entweder kaum Cluster entstehen und dafür ein starkes Molekül-Signal vorliegt oder ein schwächeres Molekül-Signal und ein stark ausgeprägtes Signal von etlichen Clustern erhalten wird. Dieser Effekt ist vor allem bei der auf Silicium basierenden Probe stark ausgeprägt. Bei einer Vergrößerung des Delays können sehr viele Mischcluster aus Tryptophan und Wasser bis zu $Trp(H_2O)_8$ nachgewiesen werden. Cluster aus Tryptophan und Argon konnten bis zu $TrpAr_5$ identifiziert werden. Auch Cluster aus allen drei Komponenten ($Trp(H_2O)_n Ar_m$ mit $n \leq 5$ für $m = 1$ und. $n \leq 3$ bei $m = 2$) können im Massenspek-

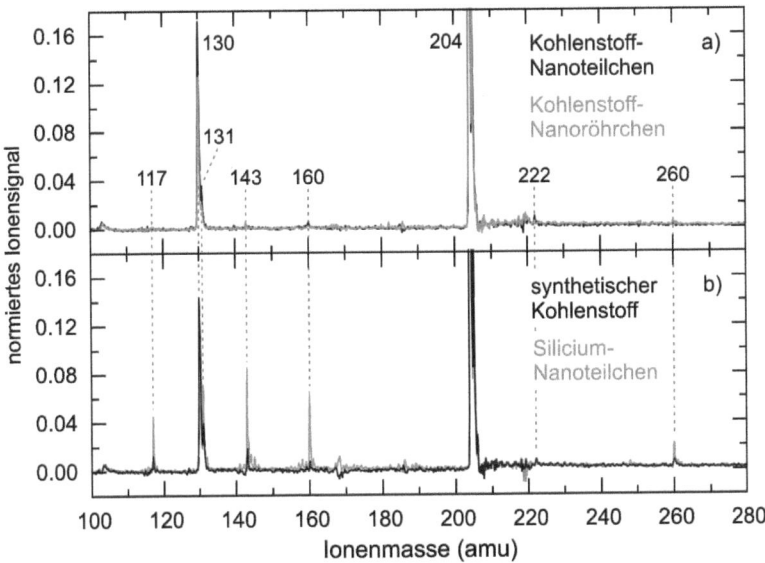

Abb. 7.14: Normiertes Massenspektrum von Tryptophan mit Matrix aus a) Kohlenstoff-Nanoteilchen (schwarze Kurve) und Kohlenstoff-Nanoröhrchen (graue Kurve), b) synthetischem Kohlenstoff (schwarze Kurve) und Silicium-Nanoteilchen (graue Kurve). Die Energiewerte und Wellenlängen sind die Selben wie in Abb. 7.13. Der in Abb. 7.13 ebenfalls dargestellte Untergrund wurde vor der Normierung abgezogen.

trum nachgewiesen werden (Abb. 7.15). Ebenfalls können einige Cluster des Dimers von Tryptophan mit Wasser detektiert werden (siehe Inset in Abb. 7.15). Für REMPI-Untersuchungen an Tryptophan-Wasser-Komplexen muss allerdings das Mischungsverhältnis für die Probenpräparation noch optimiert werden, da das Signal auf diesen Massen nicht sehr stabil war. Im Gegensatz zu den auf Kohlenstoff basierenden Matrizen, kann das Signal aber auch nach einigen Stunden durch Erhöhen der Verdampfungslaserenergie wieder erhalten werden, was wiederum dafür spricht, dass das eingebaute Wasser nicht von Verunreinigungen des Puffergases sondern aus der Matrix stammt. Da das Signal des Tryptophan-Wasser-Komplexes (Masse 222 amu) im Vergleich zum Signal des Tryptophan-Monomers (Masse 204 amu) am Anfang relativ hoch ist, scheinen sich Silicium-Nanoteilchen gut als Matrix zu eignen, wenn man diesen Komplex untersuchen will. Hierfür muss allerdings eine Optimierung des Mischungsverhältnisses durchgeführt werden, um ein stabiles Ionensignal möglichst über mehrere Stunden zu erhalten. In FTIR-Spektren, welche an in KBr eingebetteten Silicium-Nanoteilchen gemessen wurden, können Si-O-H-Schwingungen erkannt werden [121]. Dies bedeutet, dass höchst wahrscheinlich

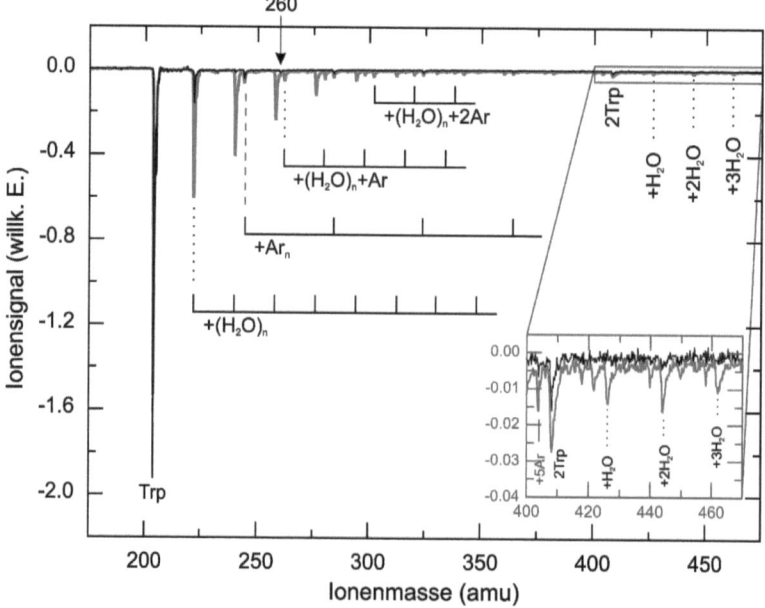

Abb. 7.15: Massenspektrum von Tryptophan bei zwei verschiedenen Delayzeiten zwischen dem Öffnen der Düse und dem Verdampfungslaserpuls. Bei der grauen Kurve wurde der Verdampfungslaserpuls um 70 µs gegenüber der schwarzen Kurve verzögert, was zu einer verstärkten Komplexbildung führt. Beide Messungen wurden mit der Silicium-Nanoteilchen-Matrix durchgeführt. Die Energie des Verdampfungslasers betrug hierbei 1.4 mJ. Ionisiert wurde wieder bei 280 nm und mit einer Pulsenergie von 420 µJ. Das Inset zeigt den Bereich des Tryptophan-Dimers und dessen Cluster mit Wasser.

Entwurf und Test der Piuzzi-Quelle | 67

Wasser in der porösen SiO$_2$-Hülle der Silicium-Nanoteilchen gebunden ist. Eine genauere Diagnose ergibt die sogenannte Thermogravimetrie-Messung, bei der eine Substanz in einem Tiegel unter einer Argonatmosphäre aufgeheizt wird und der Masseverlust der Substanz während des Heizvorganges gemessen wird. Eine solche Messung ergab, dass bei den zur Probenpräparation verwendeten Silicium-Nanoteilchen etwa 5 Gew.-% Wasser physikalisch gebunden (adsorbiert) und ca. 10 Gew.-% Wasser (eventuell als OH) chemisch gebunden war.

Bei weiteren massenspektroskopischen Untersuchungen mit der auf Silicium basierenden Matrix und dem Dipeptid Tryptophan-Glycin war neben dem Komplex mit Wasser auch das Monomersignal nicht stabil genug, um ein REMPI-Spektrum aufnehmen zu können. Das aufgenommene Massenspektrum (Abb. 7.16) zeigt allerdings auch für dieses Molekül ein anfänglich relativ starkes Signal auf der Masse des Molekül-Wasser-Komplexes (m/z = 279 amu).

Somit lassen sich aus der Auswertung der verschiedenen Massenspektren zwei Dinge ableiten. Zum Einen sind bei den verwendeten Mischungsverhältnissen die auf Kohlenstoff basierenden Matrizen besser für Untersuchungen an den Molekülen geeignet als die auf Silicium basierende Matrix. Es wird sowohl ein stärkeres Monomersignal, eine schwächere thermische Zerstörung und ein zeitlich stabileres Signal erhalten. Zum Anderen ist die auf

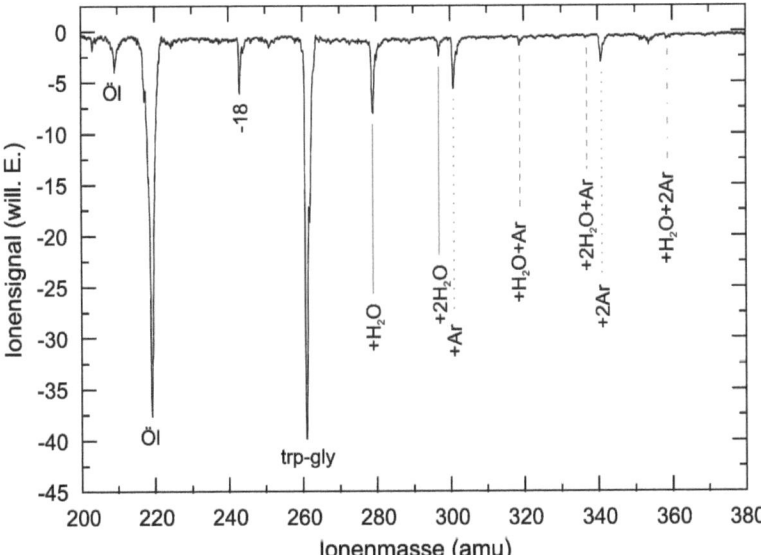

Abb. 7.16: **Massenspektrum des Tryptophan-Glycin-Dipeptids (trp-gly) mit auf Silicium basierender Matrix (Mischungsverhältnis trp-gly zu ncSi 2:1). Die Verdampfungslaserenergie wurde auf 1.9 mJ eingestellt. Die Ionisationsbedingen sind dieselben wie in Abb. 7.15.**

Silicium basierende Matrix aufgrund des adsorbierten und chemisch gebundenen Wassers besser für Untersuchungen an Komplexen geeignet, die aus dem Molekül und einem oder mehr Wassermolekülen bestehen. Hierbei muss allerdings beachtet werden, dass das Ionensignal nicht sehr stabil ist und in zukünftigen Versuchen versucht werden sollte, dies durch Verwendung anderer Mischungsverhältnisse zu verbessern.

7.3.2 REMPI-Spektren des Tryptophan-Monomers und des Tryptophan-Wasser-Komplexes

Für REMPI-Untersuchungen am Tryptohpan-Monomer wurde das Ionensignal bei jeder Wellenlänge über 100 Laserpulse und im Massenbereich von 203.5 – 204.5 amu gemittelt. Die Wellenlänge wurde von 285.75 - 287 nm in 0.005 nm Schritten durchgestimmt und am Ende der Messung noch einmal von 285.75 nm gestartet, um anschließend den Signalrückgang im Laufe einer Messung korrigieren zu können. Die so erhaltenen REMPI-Spektren zeigen für alle vier Proben sehr ähnliche Strukturen. Die Population der einzelnen Konformere ist für die verschiedenen Matrixmaterialien unterschiedlich (Abb. 7.17).

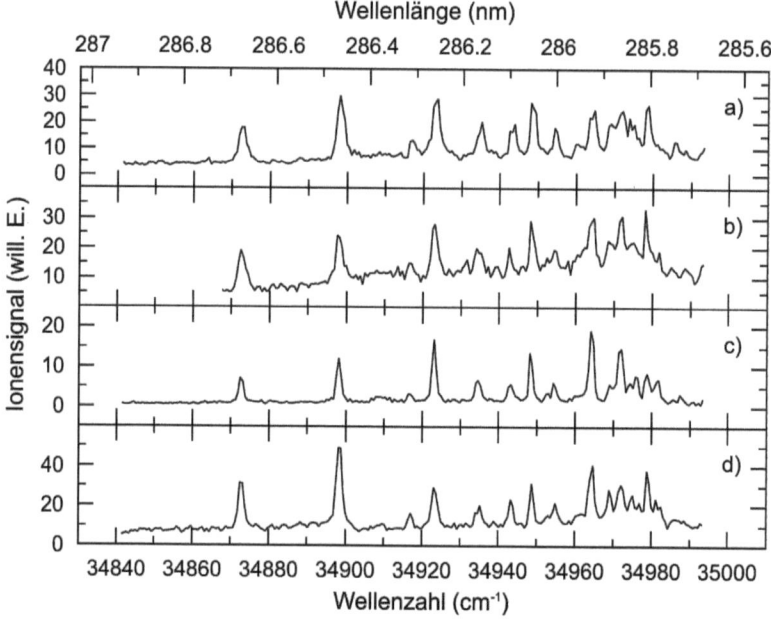

Abb. 7.17: REMPI-Spektren von Tryptophan mit Matrizen aus a) Kohlenstoff-Nanoteilchen, b) synthetischem Kohlenstoff, c) Kohlenstoff-Nanoröhrchen und d) Silicium-Nanoteilchen. Bei der Matrix aus synthetischem Kohlenstoff betrug die Energie des Verdampfungslasers ca. 370µJ. Bei allen anderen Matrizen betrug sie ca. 270 µJ. Die Energie des Ionisationslasers wurde bei den Messungen (b) und (c) auf ca. 200 µJ eingestellt. Bei den Messungen (a) und (d) betrug sie ca. 500 µJ.

Die relativen Populationen sind von der Temperatur auf der Probenoberfläche abhängig und werden durch Umwandlungsraten (engl. interconversion rates) bestimmt. Die Umwandlung eines Konformeres in ein anderes geschieht über Schwingung-Rotations-Kopplung. Somit sind die Umwandlungsraten von den besetzten Schwingungsniveaus in den verschiedenen Konformeren abhängig. Eine Temperaturerhöhung führt zur Besetzung höherer Schwingungsniveaus und verändert so das Gleichgewicht zwischen den Umwandlungsprozessen. Setzt man ausreichend hohe Energiebarrieren für die Umwandlungsprozesse voraus, dann wird die relative Population durch die schnelle Abkühlung im Molekularstrahl quasi eingefroren und verändert sich nicht mehr.

Die Temperatur der Probenoberfläche hängt von der verwendeten Verdampfungslaserfluenz sowie dem Absorptionsquerschnitt und der thermischen Leitfähigkeit der Probe ab. Die Absorptionsquerschnitte der verschiedenen Matrixmaterialien unterscheiden sich teilweise sehr stark voneinander. So absorbieren Silicium-Nanoteilchen bei 532 nm relativ schlecht. Hier wäre eigentlich eine Wellenlänge im UV-Bereich besser geeignet, da die Absorption in den UV-Bereich hinein stark ansteigt. So ist der Absorptionsquerschnitt bei 355 nm im Vergleich zu 532 nm etwa 50-mal höher und bei 266 nm sogar ca. 250-mal so groß als bei 532 nm [122]. Kohlenstoff absorbiert bereits bei 532 nm sehr gut, weshalb dieser sehr häufig als Matrixmaterial verwendet wird. Die thermische Leitfähigkeit ist bei Graphit auch relativ hoch. Diese spielt allerdings nur für Teilchen eine Rolle, die größer als die thermische Diffusionslänge während des Verdampfungslaserpulses sind. Dies ergibt für die Kohlenstoff-Nanoteilchen eine höhere Temperatur als für die μm-großen Teilchen des synthetischen Kohlenstoffs [123]. Aufgrund der schwächeren Absorption der Silicium-Nanoteilchen sollte bei ihnen die Temperatur ebenfalls niedriger als bei den Kohlenstoff-Nanoteilchen sein. Im letzten Abschnitt (7.3.1) wurde anhand von Massenspektren gezeigt, dass bei Benutzung von Kohlenstoff-Nanoröhrchen als Matrix bereits bei niedrigerer Energie des Verdampfungslaser eine annähernd gleich hohe Molekülkonzentration im Vergleich zur Matrix aus Kohlenstoff-Nanoteilchen erhalten wird. Dies deutet darauf hin, dass unter diesen Bedingungen auch die Temperaturen vergleichbar hoch sind. Bei Verwendung einer vergleichbaren Energie (das war bei der Aufnahme der REMPI-Spektren der Fall) würde somit die Temperatur bei der Kohlenstoff-Nanoröhrchen-Matrix höher sein als bei der Kohlenstoff-Nanoteilchen-Matrix.

Während der Messungen stellte sich heraus, dass, solange man mit der Laserenergie des Verdampfungslasers unterhalb von 1 mJ bleibt, das Ionensignal innerhalb der Messung eines Spektrums (ca. 30 Min) etwa auf die Hälfte des Anfangswertes absinkt. Um für die nächste Messung wieder ein vergleichbares Ionensignal zu erhalten, musste daher nach jeder Messung die Energie des Verdampfungslasers um einen Faktor von ungefähr 1.5 erhöht werden. Bei Energien über 1 mJ ist das Absinken deutlich stärker und es können keine Spektren mehr gemessen werden. Da man mit den auf Kohlenstoff basierenden Matrizen am Anfang eine niedrigere Energie verwenden kann als bei der Matrix mit den

Silicium-Nanoteilchen, kann man mit ihnen auch über einen längeren Zeitraum arbeiten. Am längsten konnte man mit der Matrix mit den Kohlenstoff-Nanoröhrchen messen. Diese Probe konnte sogar am nächsten Tag ohne weitere Präparation wieder verwendet werden. Bei allen anderen Proben war nach ca. 3.5 Sunden eine deutliche Veränderung der Probenoberfläche zu erkennen, welche entfernt werden musste, bevor die Probe erneut verwendet werden konnte.

Es wurde auch versucht, ein REMPI-Spektrum des Ionensignals bei m/z = 222 amu (Tryptophan-Wasser-Komplex) aufzunehmen. Hierfür wurde als erstes die auf Silicium basierende Matrix ausprobiert, da bei dieser der entsprechende Peak am stärksten ausgeprägt war. Es zeigte sich allerdings, dass das Signal für die Aufnahme von REMPI-Anregungsspektren nicht stabil genug war. Deshalb wurde auf die Probe mit Kohlenstoff-Nanoröhrchen zurückgegriffen und Wasser aus der Raumluft durch kurzzeitiges Öffnen der Gasleitung ins System eingebracht. Das so erhaltene Ionensignal des Komplexions war allerdings deutlich schwächer im Vergleich zur Silicium-Nanoteilchen-Matrix und auch nicht sehr zeitstabil. Deshalb wurde für diese REMPI-Untersuchung ein deutlich kleinerer Wellenlängenbereich von 286.1 – 286.44 nm ausgewählt, der aus der Literatur bereits bekannt war [124]. Weiterhin war das Signal-zu-Rausch-Verhältnis bei einer Einzelmessung relativ schlecht, weshalb die erwähnte Prozedur insgesamt dreimal durchgeführt wurde und über alle drei Spektren gemittelt wurde. Das so erhaltene Spektrum, welches in Abb. 7.18 dargestellt ist, zeigt eine gute Übereinstimmung mit dem von Snoek *et al.* [124] veröffentlichten Spektrum.

Auch wenn ein mögliches Fragmention des Tryptophan-Wasser-Komplexes genau mit der Masse des Tryptophan-Monomers übereinstimmt (Zerstörung des Komplexes unter Abspaltung eines Wassermoleküls), konnte keine Beeinflussung des REMPI-Spektrums auf der Masse des Tryptophan-Monomers (204 amu) durch eine solche Fragmentation detektiert werden. Auf dieser Masse wurde ein zu den in Abb. 7.17 dargestellten Spektren vergleichbares Spektrum gemessen, die unter Bedingungen aufgenommen wurden, bei welchen kaum Komplexe im Massenspektrum beobachtet werden konnten.

Es ist also möglich ein REMPI-Spektrum des Tryptophan-Wasser-Komplexes mit der Kohlenstoff-Nanoröhrchen-Matrix und Wasser aus der Gasleitung aufzunehmen. Hierbei ist allerdings das Ionensignal deutlich schwächer als die mit der Silicium-Nanoteilchen-Matrix mögliche. Wenn es also durch Optimierung des Mischungsverhältnisses aus Matrix und Molekül gelingt ein zeitlich stabileres Ionensignal mit der Matrix aus Silicium-Nanoteilchen zu erhalten, dann stellt diese Matrix eine gute Möglichkeit für die Untersuchung der Komplexe aus Biomolekül und ein oder mehreren Wassermolekülen dar.

Die in der REMPI-Apparatur verwendete Tryptophan-Probe mit der auf Silicium basierenden Matrix und die Probe mit dem synthetischen Graphit wurden ebenfalls in der CRDS-Apparatur getestet. Bei zu den REMPI-Messungen vergleichbaren Laserenergien konnte

Entwurf und Test der Piuzzi-Quelle | 71

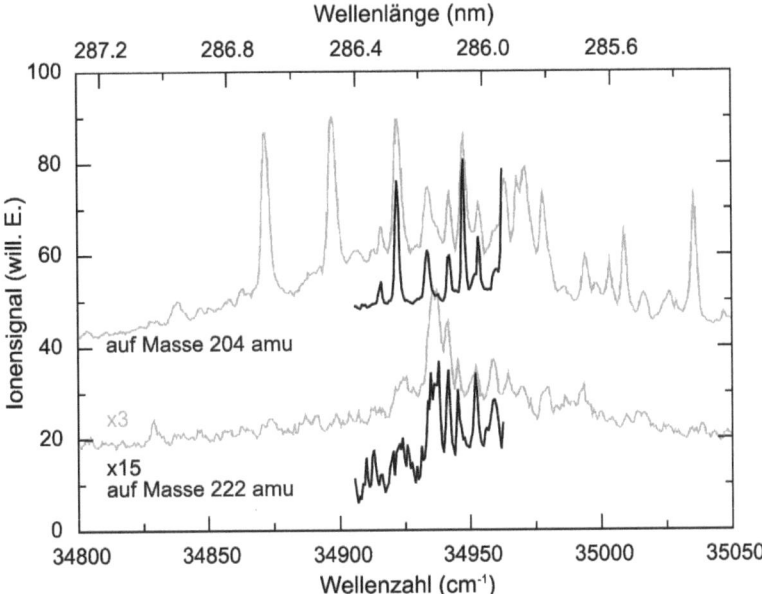

Abb. 7.18: REMPI-Spektrum mit Tryptophan (oben, Masse 204 amu) und dem Komplex aus Tryptophan und Wasser (unten, Masse 222 amu). Vergleichsmessungen von Snoek *et al.* [124] (graue Kurven) und eigene Messungen in einem kleineren Wellenlängenbereich (schwarze Kurven). Die eigenen Messungen wurden mit einer Probe aus Tryptophan gemischt mit Kohlenstoff-Nanoröhrchen und Wasser aus der Luftfeuchtigkeit durchgeführt. Auf der Masse 204 amu kann keine Bande dem Komplex mit Wasser zugeordnet werden.

keinerlei Absorption gemessen werden. Bei erhöhter Laserenergie konnte zwar eine Absorption festgestellt werden, jedoch war sie extrem instabil und sank zu schnell ab, um ein Spektrum messen zu können. Dies liegt an der größeren Sensitivität der REMPI-Methode im Vergleich zur CRDS-Methode. Um eine für CRDS funktionierende Matrix zu finden, sollten weitere Messungen mit unterschiedlichen Mischungsverhältnissen durchgeführt werden. Hierfür erscheint, von den getesteten Matrizen, die Matrix aus Kohlenstoff-Nanoröhrchen am vielversprechendsten, da hier die verwendete Verdampfungslaserenergie am niedrigsten gewählt worden konnte und auch die zeitliche Stabilität am besten war. Eine solche Matrix ist allerdings vor allem bei Molekülen sinnvoll, welche entweder als reine Substanz nicht gut zu einer Tablette pressbar oder als reine Substanz nur schwer mit den zur Verfügung stehenden Wellenlängen verdampft werden können. Für alle anderen Substanzen erscheint es momentan so zu sein, dass mit der reinen Substanz und einer an deren Absorption angepassten Verdampfungswellenlänge das stärkste Absorptionssignal erhalten werden kann. Dies wurde auch bei den Messungen mit der Mischung aus Fluoren und Graphit festgestellt, welche in Kapitel 7.1.3 diskutiert wurden.

8 Entwurf und Test der Smalley-Quelle

Im Rahmen dieser Arbeit wurde auch eine Laserverdampfungsquelle entwickelt und getestet, bei welcher die Verdampfung innerhalb der Düse bzw. eines Expansionskanals stattfindet. Diese Quelle ist in Abb. 5.6 dargestellt und wurde als erstes mit dem Kohlenstoff-Cluster C_3 als Testmolekül charakterisiert.

8.1 Untersuchungen am Kohlenstoff-Cluster C_3

1942 berichtete P. Swings über molekulare Banden in Kometenschweifen. Er schrieb, dass viele Kometenschweife Absorptionsbanden des Kohlenstoffdimers C_2 aufweisen, die als „Swan-Banden" bekannt sind [125]. Er fand zusätzlich eine starke Bande bei 405 nm, welche er keinem Molekül zuordnen konnte. Heute ist bekannt, dass diese Bande vom Kohlenstofftrimer C_3 stammt [126]. Später wurde C_3 auch in zirkumstellaren Hüllen mittels Infrarot-Spektroskopie entdeckt [127]. Vor ein paar Jahren wurde es selbst in einer interstellaren Molekülwolke mittels Messungen im mm-Wellenlängenbereich detektiert [128].

Im Labor kann C_3 unter anderem durch Laserverdampfung an Graphit erzeugen. Da Graphitstäbe kommerziell erhältlich sind und Absorptionsspektren in einem weiten Wellenlängenbereich als Vergleichsbasis zur Verfügung stehen [129, 130], bietet sich C_3 somit als Testmolekül für die Charakterisierung der neu entwickelten Quelle an.

Mit der CRDS-Apparatur wurde ein Spektrum mit der internen Laserverdampfungsquelle in einem weiten Wellenlängenbereich aufgenommen (386 – 399 nm). Da die einzelnen Absorptionslinien recht schmal sind (≈ 0.3 cm^{-1} bzw. ≈ 0.005 nm), musste die mit unserem System kleinste Schrittweite verwendet werden (0.001 nm). Zur Verbesserung des Signal-zu-Rausch-Verhältnisses wurde für jeden Messpunkt über 64 Laserpulse gemittelt. Bei dieser Untersuchung, welche in Abb. 8.1 gezeigt ist, wurde in annähernd jedem Bereich mindestens eine Absorptionsbande pro 0.5 nm gemessen (ca. alle 30 cm^{-1} eine Bande). Dies ist eine Besonderheit von C_3, da es zum Einen im elektronischen Grundzustand eine leicht anzuregende Biegeschwingung besitzt (v_2 = 63.42 cm^{-1} [131]) und eine Kopplung zwischen dem ersten elektronisch angeregtem Zustand und dieser Schwingung eine starke Aufspaltung der Schwingungszustände im angeregten Zustand zur Folge hat. Die Energie dieser Schwingung ändert sich hierbei relativ stark beim Wechsel in den ersten elektronisch angeregten Zustand (v_2 = 307.9 cm^{-1} [131]). Die niedrige Energie der Schwingung im Grundzustand kann selbst bei relativ niedriger Schwingungstemperatur mehrfach angeregt sein, was zu einer Vielzahl an heißen Banden und Sequenzbanden führt. So ist z.B. bei dem in Abb. 8.2 dargestellten Spektrum die Biegeschwingung im elektronischen Grundzustand einfach angeregt.

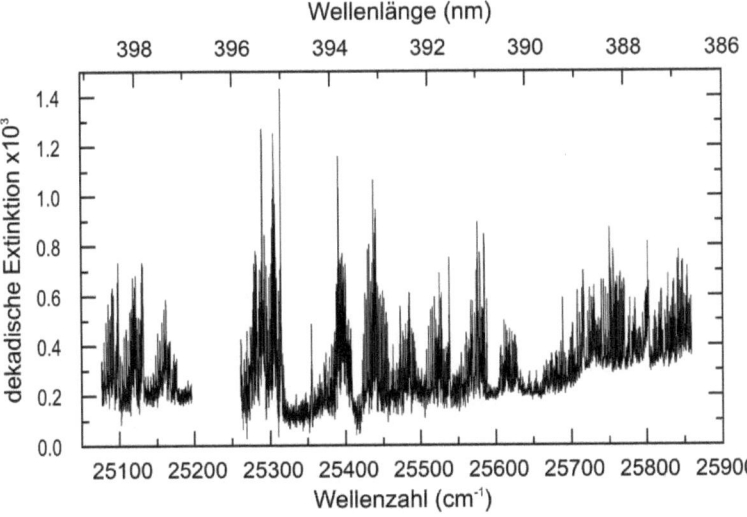

Abb. 8.1: CRDS-Spektrum von C_3 bei Laserverdampfung von Graphit (Übersichtsspektrum).

In Abb. 8.2 wurde ein mit CRDS gemessenes Spektrum (schwarze Kurve) einem von Balfour et al. veröffentlichten Spektrum (graue Kurve) [129], welches mit LIF an einem Düsenstrahl gemessen wurde, gegenüber gestellt. Balfour et al. ordneten diese Bande der 070–010 $^1\Delta_g^{(-)}$–$^1\Pi_u^+$-Bande zu. Es sind alle drei möglichen Rotationszweige (P-Zweig, Q-Zweig und R-Zweig) erkennbar, wobei Rotationszustände bis J ≈ 20 beobachtet werden können. Die Zuordnung der Rotationsquantenzahlen wurde hierbei aus der Veröffentlichung übernommen. Mit der CRDS wurden im Vergleich zu den Literaturspektren zusätzliche Linien registriert, welche in Abb. 8.2 mit Sternchen markiert wurden. Diese Linien können teilweise benachbarten Banden zugeordnet werden, teilweise können sie aber auch mit Schwankungen der C_3-Konzentration erklärt werden, welche durch Schwankungen in der Verdampfungslaserenergie hervorgerufen werden können. Als eine weitere mögliche Erklärung kommt auch die Möglichkeit der spektroskopischen Überlagerung elektronischer Übergänge größerer Kohlenstoffcluster in diesem Bereich in Betracht. Während C_2 und C_3 in diesem Wellenlängenbereich gut untersucht sind und C_2 in diesem Bereich keine Übergänge besitzt, sind über größere Kohlenstoffcluster im untersuchten Wellenlängenbereich kaum Vergleichsdaten verfügbar. Das gezeigte Vergleichsspektrum weist eine sehr ähnliche Intensitätsverteilung der einzelnen Rotationsübergänge auf, was auf eine etwa gleich hohe Rotationstemperatur schließen lässt. Balfour et al. geben allerdings in ihrer Veröffentlichung keine Rotationstemperatur an, weshalb diese auch für unsere Messung noch unklar ist.

Ein Vergleich einer weiteren C_3-Bande mit einem Literaturspektrum wird in Abb. 8.3 gezeigt. Die hierbei zusammen mit der CRDS-Messung (schwarze Kurve) dargestellte Messung (graue Kurve) wurde von Tokaryk und Chomiak veröffentlicht [130]. Auch bei dieser Bande sind alle drei Rotationszweige erkennbar. Die Zuordnung der Absorptionslinien zu einzelnen Rotationsniveaus geschah äquivalent zur Veröffentlichung. Tokaryk und Chomiak erzeugten C_3 innerhalb einer Entladung eines Methan-Helium-Gemisches. Ohne jegliche Abkühlung haben sie mehrere C_3-Banden teils als stimulierte Emission und teils als Absorptionsbanden beobachtet. Die für stimulierte Emission benötigte Besetzung des elektronisch angeregten Zustandes weist bereits auf eine sehr hohe Temperatur innerhalb der C_3-Radikale hin. Die hier zum Vergleich heran gezogene Bande hatten sie als Absorptionsbande gemessen und der 002–100 $^1\Pi_u$–$^1\Sigma_g^+$-Bande zugeordnet. Da Tokaryk und Chomiak ohne Abkühlung im Molekularstrahl gemessen haben sind die Intensitäten der Linien vor allem bei den höher angeregten Rotationsniveaus ($J > 20$) deutlich stärker als bei der CRDS-Messung am Düsenstrahl. Unsere Messung weist somit (wie erwartet) eine deutlich niedrigere Rotationstemperatur im Vergleich zur Literatur auf. Eine genaue Aussage zur Höhe der Rotationstemperatur ist aus diesem Vergleich allerdings nicht möglich.

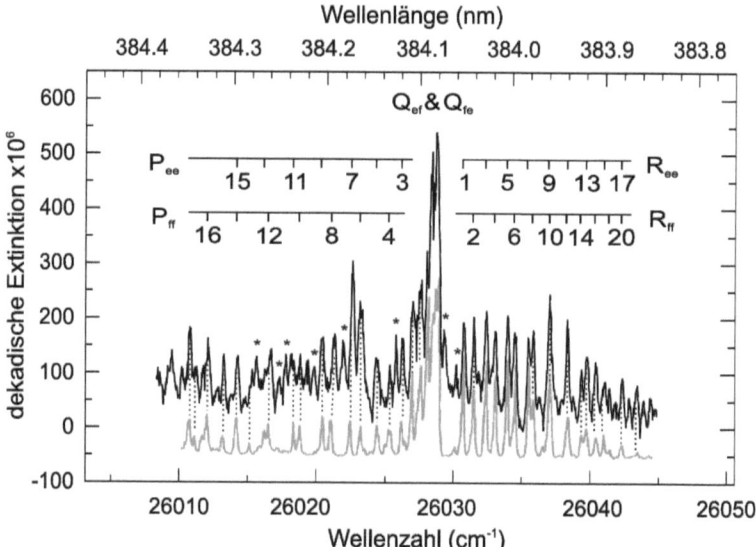

Abb. 8.2: CRDS-Spektrum von C_3 aus Laserverdampfung von Graphit (schwarze Kurve) im Vergleich zu einem Literaturspektrum (graue Kurve) [129]. Die Sternchen markieren Linien, welche im Literaturspektrum nicht vorkommen und vermutlich von benachbarten Banden oder Banden anderer Kohlenstoffcluster stammen. Die Rotationsniveaus des Grundzustandes mit einer geraden Rotationsquantenzahl J und einer geraden Parität (e) bzw. ungeraden Rotationsquantenzahl und einer ungeraden Parität (f) sind für $^{12}C_3$ nicht besetzt.

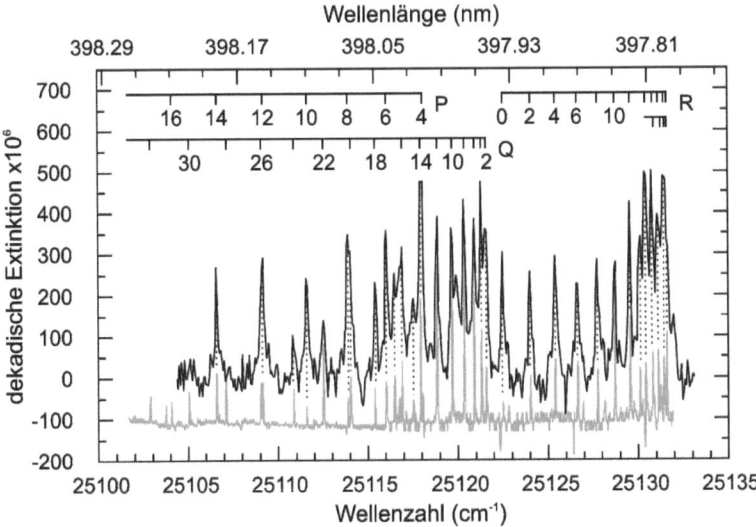

Abb. 8.3: Vergleich eines CRDS-Spektrums von C_3 aus Laserverdampfung von Graphit (schwarze Kurve) zu einem Literaturspektrum (graue Kurve) [130].

Zusätzlich zu den CRDS-Spektren wurde ein Emissionsspektrum am Düsenstrahl dicht hinter der Düse im Wellenlängenbereich von 350 – 1150 nm aufgenommen. Hierfür wurde eine Lichtleitfaser, welche mit einer Einkoppellinse ausgestattet ist, außerhalb der Vakuumkammer von oben auf den Düsenstrahl ausgerichtet und das Spektrum mit einem kompakten, kommerziellen Spektrometer (OceanOptics QE65000) aufgenommen. In diesem Spektrum wurden vorwiegend Emissionen von angeregtem Ar, welches als Puffergas verwendet wurde und angeregtem atomaren Kohlenstoff gefunden. Es wurden im Bereich der C_2 Swan-Bande bzw. der C_3 Swings-Bande mehrere schwache Emissionsbanden identifiziert, welche aber aufgrund der relativ schlechten Auflösung des Spektrometers nicht eindeutig einem der beiden Systeme zugeordnet werden können (Abb. 8.4).

Für weitere Untersuchungen wurden die möglicherweise im Düsenstrahl vorhandenen Nanoteilchen direkt im Vakuum auf einem TEM-Netz abgeschieden. Anschließende HRTEM-Aufnahmen an diesen Partikeln zeigen zwei verschiedene Typen von Teilchen. Zum Einen werden Teilchen mit bandartigen graphitischen Bereichen (z.B. Teilchen (a) und (b) in Abb. 8.5) und zum Anderen Teilchen, die überwiegend amorph sind und nur wenige schwach ausgeprägte graphitische Bereiche (z.B. Teilchen (c) in Abb. 8.5) aufweisen, beobachtet. Dies belegt, dass mit der Quelle auch deutlich größere Cluster als C_3

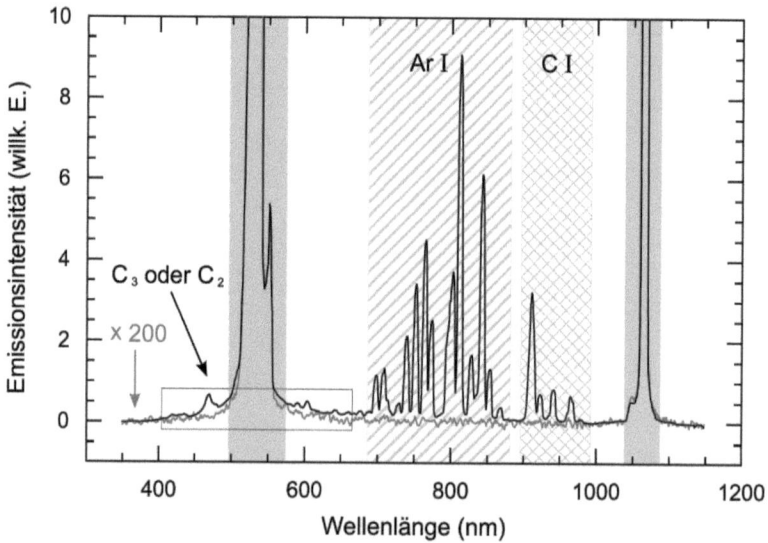

Abb. 8.4: Emissionsspektrum am Jet bei Laserverdampfung von Kohlenstoff mit Ar als Puffergas und einer Laserenergie von < 0.3 mJ (graue Kurve, 200-fach verstärkt und durch Mittelung von 5 benachbarten Punkten geglättet) bzw. ≈ 35 mJ (schwarze Kurve). Die grau eingefärbten Bereiche repräsentieren die Bereiche in denen Streulicht vom Verdampfungslaser (flächig grau Bereich), Emission von angeregtem Ar (grau schraffierter Bereich) bzw. angeregtem Kohlenstoff (grau doppelt schraffierter Bereich) detektiert wurden. In dem mit einem Rahmen hervorgehobenen Bereich liegen Emissionsbanden von C_3 (Swings-Banden) und auch von C_2 (Swan-Banden), zwischen welchen aufgrund der relativ schlechten Auflösung des Spektrometers nicht unterschieden werden kann.

verdampft bzw. in der Expansion gebildet werden. Die Gruppe um J. P. Maier konnten mit einer ähnlichen Quelle bereits etliche solcher Kohlestoffcluster mittels REMPI untersuchen. CRDS-Untersuchungen an Kohlenstoffclustern, die mit einer Laserverdampfungsquelle erzeugt wurden, wurden bisher noch nie in der Literatur veröffentlicht. Die durchgeführten Untersuchungen bieten viel Raum auch größere, teilweise noch nicht spektroskopisch charakterisierte Kohlenstoffcluster (wie z.B. das zyklische C_6) zu vermessen. Durch kürzlich in unserer Gruppe durchgeführte Matrixspektroskopie-Messungen im Infrarot-Bereich konnte die Erzeugung des zyklischen C_6 und anderer größerer Kohlenstoffcluster mit einer vergleichbaren Laserverdampfungsquelle nachgewiesen werden. In diese Richtung sollten noch mehr Untersuchungen durchgeführt werden, da auch Kohlenstoffcluster z.B. als mögliche Träger der DIBs diskutiert werden [132].

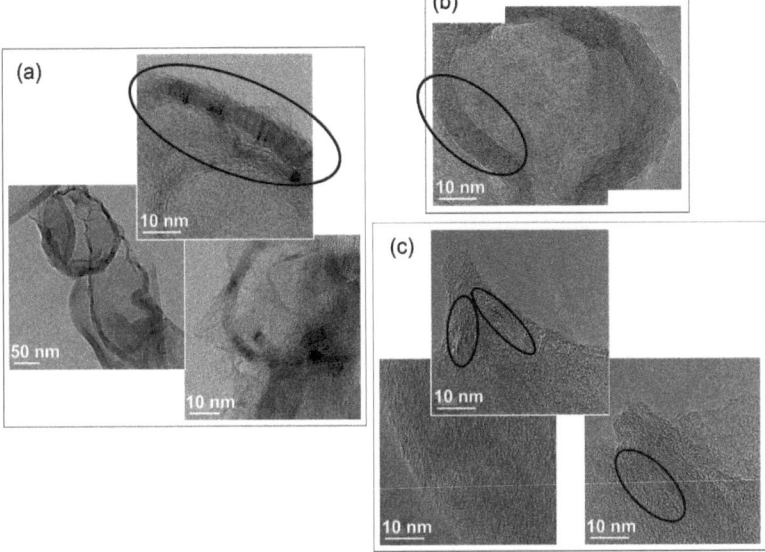

Abb. 8.5: HRTEM-Aufnahmen von drei typischen, im Düsenstrahl auf TEM-Netze deponierten Kohlenstoff-Nanoteilchen, die bei der Laserverdampfung von Graphit entstanden sind. In den Rot markierten Bereichen sind Gitternetzebenen von Graphit erkennbar.

8.2 Untersuchungen an PAHs

Da es PAHs nur in Pulverform zu kaufen gibt, ist die Präparation von stabförmigen Proben recht aufwendig. Es wurden zwei verschiedene Arten der Präparation ausprobiert. Zum einem wurde versucht, das Pulver des zu untersuchenden Moleküls manuell in das Gewinde einer M5-Schraube zu pressen. Dies funktionierte für Phenanthren relativ gut, was an dem mit dieser Probe gemessenen CRDS-Spektrum zu erkennen ist (Abb. 8.6). Die verwendeten Parameter waren hierbei vergleichbar zu den Experimenten mit der Piuzzi-Quelle. Bei anderen Proben (vor allem aus dem Biomolekül Tryptophan) blieb das Pulver allerdings nicht kompakt im Gewinde hängen. Deshalb wurde auch versucht, mehrere gepresste Tabletten zu einem Stab zusammen zu kleben. Da man mit Tryptophan nur recht zeitaufwendig genügend stabile Tabletten erhält, wurde diese Vorgehensweise zunächst mit Anthracen getestet. Der große Nachteil dieser Methode ist der Materialverbrauch. Um das Gewinde einer Schraube zu füllen, reichen wenige Milligramm an Substanz, während man für einen Stab von ca. 2 cm Länge aus einzelnen Tabletten mehrere hundert Milligramm (ca. 750 mg) benötigt.

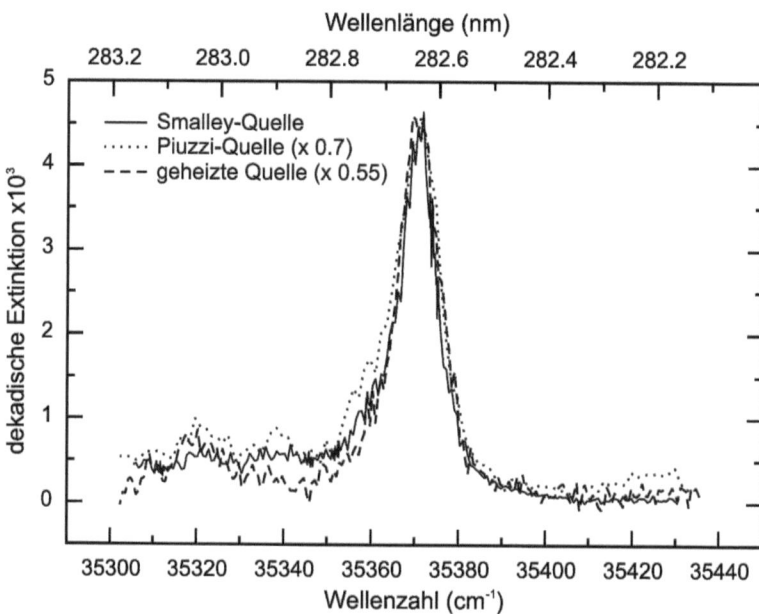

Abb. 8.6: Vergleich der Absorptionsspektren von Phenanthren aller drei Quellen am Beispiel der $S_2 \leftarrow S_0$-Ursprungsbande. Beide Laserverdampfungsquellen wurden mit 532 nm und einer Fluenz von 100 mJ/cm² betrieben. Die Temperatur in der geheizten Quelle betrug 100 °C.

Da mit den bei uns vorhandenen Presswerkzeugen nur Tabletten mit entweder Ø 12 mm bzw. Ø 6 mm gepresst werden können, musste die Laserverdampfungsquelle modifiziert werden, um Stäbe mit Ø 6 mm verwenden zu können. Gleichzeitig wurde der Expansionskanal zwischen der „General Valve" und dem Probenstab verkürzt, was eine bessere Kühlung der verdampften Moleküle bewirken sollte, da so der Ar-Druck am Ort der Verdampfung höher ist. Tabletten mit Ø 6 mm können mit dem vorhandenen Presswerkzeug nur auf eine Stärke von < 5 mm gepresst werden. Um einen 2 cm langen Stab zu erhalten müssen also mindestens vier solcher Tabletten möglichst konzentrisch aneinander befestigt werden. Es gelang uns vier Anthracen-Tabletten zusammenzukleben. Allerdings sind die Klebeflächen sehr instabil und brechen relativ leicht. Da der so erzeugte Stab beim Einbau in die Verdampfungsquelle immer wieder zerbrach, entschieden wir uns das Verdampfungsexperiment zunächst mit nur einer Tablette (Ø 6 mm, 4 m dick) durchzuführen. Sowohl mit einer Verdampfungswellenlänge von 355 nm als auch mit 266 nm gelang es allerdings nicht ein intensives und stabiles Absorptionssignal von Anthracen zu erhalten, so dass auch kein Absorptionsspektrum aufgenommen werden konnte. Da die für Stäbe mit Ø 6 mm modifizierte Quelle bisher nur mit der besagten Anthracen-Probe verwendet wurde, kann allerdings nicht ausgeschlossen werden, dass sie weniger effizient wie die bereits mit Graphit charakterisierte Version funktioniert. Um dies zu klären, wären Experimente unter vergleichbaren Bedingungen mit einem entsprechend dimensioniertem Graphitstab nötig, was aus Zeitgründen nicht mehr durchführbar war.

Die Messungen mit Phenanthren deuten allerdings bereits an, dass mit der Smalley-Quelle (interne Laserverdampfung) niedrigere Rotations- und Vibrationstemperaturen erreicht werden können als mit der Piuzzi-Quelle (externe Laserverdampfung). In Abb. 8.6 ist die Bande bei der Messung mit der Smalley-Quelle schmaler (niedrigere Rotationstemperatur) und auf der niederenergetischen Seite der Ursprungsbande glatter, was auf das Vorhandensein weniger Sequenzbanden hindeutet und somit eine niedrigere Vibrationstemperatur bedeuten würde. Die Unterschiede sind bei Phenanthren allerdings nur relativ klein, weswegen eine Definitive Aussage nicht getroffen werden kann. Der Vergleich der Piuzzi-Quelle mit der geheizten Quelle zeigte bei Anthracen (siehe Abb. 7.7 im Abschnitt 7.1.2) eine deutlich stärkere Veränderung im Spektrum, so dass es für einen Vergleich der Effizienz der Kühlung besser geeignet ist als Phenanthren. Aus diesem Grund sollte erneut versucht werden ein stabiles und starkes Absorptionssignal mit der Smalley-Quelle und Anthracen zu erhalten, so dass eine Messung des Absorptionsspektrums möglich wird und mit denen der beiden anderen Quellen verglichen werden kann.

9 Diskussion

In diesem Kapitel werden zuerst die drei verwendeten Quellen mit einander verglichen. Es werden ihre jeweiligen Vor- und Nachteile aufgeführt und es wird diskutiert, welche Quelle für welche Anwendung am sinnvollsten erscheint. Anschließend wird die astrophysikalische Relevanz der durchgeführten Untersuchungen erörtert und gezeigt, in welche Richtung weitere Untersuchungen gehen könnten.

9.1 Vergleich der verschiedenen Quellen

Die geheizte Quelle stellt eine etablierte Technik im Zusammenhang mit CRDS dar. Mit ihr können gut gekühlte Moleküle untersucht werden und es ist keine spezielle Probenpräparation nötig. Allerdings kann die Probe nur bis maximal 500 °C geheizt werden, was den Einsatz für deutlich grössere PAHs als Benzo(ghi)Perylen unmöglich macht. Weiter ist die Quelle bei Biomolekülen wie Tryptophan nicht ohne weiteres einsetzbar. Es werden bei Biomolekülen thermische Zerfallsprodukte beobachtet, deren Anteil im Laufe der Zeit schnell zunimmt. Desweiteren ist der Substanzverbrauch recht hoch, da die optimale Öffnungsdauer der in dieser Arbeit verwendeten Düse mit 600 µs deutlich länger ist als die Abklingzeit des Resonators (bis zu 30 µs). Die Verdampfung kann hierbei allerdings sehr konstant gehalten werden, was in einem sehr guten Signal-zu-Rausch-Verhältnis resultiert.

Die beiden Laserverdampfungsquellen können hingegen für Moleküle mit hohen Verdampfungstemperaturen eingesetzt werden, was am Beispiel von Kohlenstoff gezeigt wurde. Ebenfalls konnte gezeigt werden, dass mit ihnen die thermische Zersetzung von Biomolekülen deutlich verringert werden kann. Der Materialverbrauch innerhalb eines Experiments ist deutlich geringer (< 1 mg/Stunde) als mit der geheizten Quelle (≤ 20 mg/Stunde), da die Verdampfung mit dem verwendeten Nd:YAG-Laser nur etwa 10 µs anhält. Diese deutlich kürzere Verdampfungszeit bedeutet aber auch ein schlechteres Signal-zu-Rausch-Verhältnis bei den Absorptionsmessungen mittels CRDS. Zusätzlich ist die Verdampfung aufgrund der Probenpräparation und der geringen Energiestabilität des Verdampfungslasers deutlich ungleichmäßiger im Vergleich zur geheizten Quelle, was ebenfalls das Signal-zu-Rausch-Verhältnis negativ beeinflusst. Die benötigte Probenpräparation ist ein weiterer Nachteil gegenüber der geheizten Quelle. Sie macht es unmöglich, relativ schnell Versuche mit neuen Proben durchzuführen.

Auch wenn der Materialverbrauch mit den Laserverdampfungsquellen während der Messungen sehr gering ist, wird für die Probenpräparation momentan noch relativ viel Substanz benötigt. So wird für eine Tablette mit Ø 12 mm und 2 mm Dicke für die Piuzzi-Quelle etwa 300 mg Substanz benötigt; für die Smalley-Quelle wird für eine Tablette von Ø 6 mm und 4 mm Dicke mindestens 150 mg der Substanz benötigt. Wenn man mit nur einer Tablette arbeitet, ist in beiden Laserverdampfungsquellen der Auf-wand für die Probenpräparation vergleichbar hoch. Will man allerdings den Vorteil der größeren möglichen Probenoberfläche bei der Smalley-Quelle voll ausnutzen, benötigt man einen Probenstab, der deutlich schwerer zu präparieren ist und nochmals deutlich mehr Substanz benötigt (ca. 750 mg für einen 2 cm langen Stab mit Ø 6 mm). Für weitere Untersuchungen mit teuren oder nur in geringen Mengen zur Verfügung stehenden Molekülen, sollte daher an der Art der Probenpräparation gearbeitet werden, damit hierfür auch nur einige zehn Milligramm der Substanz benötigt werden. Für die Piuzzi-Quelle kann man z.B. eine sehr dünne Tablette auf einem Träger aufkleben oder das Material in eine Kerbe im Probenträger kompakt zusammenpressen. Für die Smalley-Quelle könnte z.B. eine dünne Schicht auf einen zylinderförmigen Träger aufgebracht werden, so wie es in ähnlicher Form bereits bei den Versuchen mit PAH-Molekülen im Gewinde einer Schraube ausprobiert wurde. Dies bedarf dann allerdings spezieller Hilfsmittel für die Probenpräparation.

Mit der Piuzzi-Quelle konnte teilweise eine höhere Molekülkonzentration im Überschallmolekularstrahl und somit ein stärkeres Absorptionssignal erhalten werden als mit der geheizten Quelle. Dies war besonders stark bei Tryptophan zu beobachten. Allerdings sind teilweise auch die Rotations- und Vibrationstemperaturen deutlich höher, was vor allem bei Anthracen beobachtet werde. Bei der Smalley-Quelle sollten die Moleküle besser gekühlt sein als bei der Piuzzi-Quelle, was bisher allerdings nicht eindeutig durch Experimente bestätigt werden konnte. Zwar konnte bei Experimente mit Phenanthren ein etwas schmaleres Rotationsprofil mit der Smalley-Quelle im Vergleich zur Piuzzi-Quelle beobachtet werden, was auf eine niedrigere Rotationstemperatur schliessen lässt, der Unterschied ist bei diesem Molekül allerdings nicht sehr groß. Versuche mit Anthracen wären wünschenswert, da hier der Effekt der Verbreiterung mit der Piuzzi-Quelle im Vergleich zur geheizten Quelle deutlich ausgeprägter war. Diese schlugen mit der Smalley-Quelle bis jetzt fehl oder lieferten nur sehr schwache Signale, welche nicht für Vergleiche herangezogen werden konnten. Die Untersuchungen an Phenanthren weisen zusätzlich ein besseres Signal-zu-Rausch-Verhältnis bei der Smalley-Quelle im Vergleich zur Piuzzi-Quelle auf. Es war sogar im Vergleich zur geheizten Quelle etwas besser. Dies liegt allerdings vermutlich eher an der viermal so langen Mittelung bei den Messungen mit den Laserverdampfungsquellen im Vergleich zur geheizten Quelle als an einer stabileren Verdampfung. Es zeigt aber, dass ach mit Laserverdampfung und CRDS ein sehr gutes Signal-zu-Rausch-Verhältnis möglich ist, auch wenn hierfür aufgrund der längeren Mittelung eine entsprechend längere Messzeit nötig ist. Da der Materialverbrauch bei Laserverdampfung im Vergleich zur geheizten Quelle deutlich kleiner ist und bei thermisch labilen Molekülen auch über einen langen Zeitraum keine thermische Dekomposition nachweisbar ist, spricht technisch auch nix gegen eine stärkere Mittelung.

Zusammenfassend lässt sich also fest halten, dass die Laserverdampfungsquellen vor allem für schwer verdampfbare und thermisch labile Substanzen verwendet werden sollten. Hierbei stellt die Piuzzi-Quelle die leichter zu handhabende Quelle dar. Bei ihr lässt sich unter anderem die Justierung des Verdampfungslasers leichter von außen kontrollieren und während des Experiments korrigieren. Zusätzlich sollte die Probenpräparation leichter auf kleinere Substanzmengen umzustellen sein. Die Smalley-Quelle hat trotz all seiner Nachteile in der Probenpräparation und Laserjustierung auch einen großen Vorteil gegenüber der Piuzzi-Quelle; sie lässt eine bessere Kühlung der Moleküle zu. Für Proben, welche relativ leicht verdampfbar sind und dabei auch nicht thermisch zerfallen empfiehlt es sich auch weiterhin die geheizte Quelle zu verwenden.

9.2 Astrophysikalische Relevanz der Untersuchungen und Ausblick

In der vorliegenden Arbeit wurde anfangs auf die Bestimmung des Absorptionsverhaltens einiger PAHs mittels CRDS eingegangen. Der Übergang mit der niedrigsten Anregungsenergie war der $S_1 \leftarrow S_0$-Übergang des größten in dieser Arbeit untersuchten PAH-Moleküls (Benzo(ghi)Perylen), der bei 399.45 nm liegt. Dies ist außerhalb des Bereichs der DIBs. Allerdings weist die Breite der Banden (2.7 cm^{-1}, $T_{Rot} \approx 40$ K) darauf hin, dass neutrale PAHs deutlich bessere Kandidaten als Träger der DIBs darstellen als PAH-Kationen. Dies bedeutet, dass noch größere PAHs spektroskopisch untersucht werden müssen, da mit steigender Größe der $S_1 \leftarrow S_0$-Übergang zunehmend in den sichtbaren Spektralbereich und somit in den Bereich der DIBs verschoben wird. Größere PAHs sind allerdings sehr teuer und lassen sich auch zunehmend schwerer thermisch verdampfen.

Die Laserpyrolyse stellt eine ausgezeichnete Methode dar, auch große PAHs zu synthetisieren. Diese können mittels der HPLC-Apparatur sowohl analysiert als auch bezüglich ihrer Masse separiert werden. Die so erhaltenen größeren PAHs können wiederum mit einer der beiden in dieser Arbeit vorgestellten Laserverdampfungsquellen verdampft und mittels CRDS untersucht werden. Hierfür muss allerdings die Probenpräparation für die Benutzung von kleinen Probenmengen optimiert werden, da momentan noch relativ viel Substanz zur Präparation benötigt wird.

Da das C_3-Molekül bereits im All nachgewiesen werden konnte, haben auch Laboruntersuchungen an Kohlenstoffclustern eine große astrophysikalische Relevanz. Mit der Smalley-Quelle wurde der Kohlenstoffcluster C_3 erzeugt und erstmals mittels CRDS untersucht. Matrixspektroskopische Untersuchungen, die in der gleichen Arbeitsgruppe durchgeführt wurden, haben gezeigt, dass mit vergleichbaren Quellen auch deutlich größere Cluster (bis C_{25}) erzeugt werden können. Deren Absorptionsverhalten im UV- und sichtbaren Bereich ist teilweise noch unbekannt. So sind z.B. vom zyklischen Kohlenstoffcluster c-C_6 die IR-Absorptionen bekannt, nicht aber die elektronischen Übergänge. Es sollte möglich sein, mit der Smalley-Quelle auch diese Spezies zu erzeugen und in der Gasphase zu spektroskopieren. In der Arbeitsgruppe gibt es bereits verschiedene Ansätze in Richtung solcher Untersuchungen, welche auf alle Fälle weiter verfolgt werden sollten.

Auch für Untersuchungen an astrophysikalisch relevanten Biomolekülen wie z.b. Aminosäuren und DNA-Basen können die in dieser Arbeit entwickelten Laserverdampfungsquellen eingesetzt werden. Die Aminosäure Tryptophan, die bereits in Meteoriten nachgewiesen werden konnte, wurde in dieser Arbeit untersucht. Erstmalig wurden hierbei direkte Absorptionsmessungen an diesem Molekül durchgeführt. Es konnte belegt werden, dass mit Laserverdampfung im Vergleich zu konventionellem Heizen sowohl eine höhere Tryptophan-Konzentration im Düsenstrahl als auch eine geringere thermische Zersetzung erreicht werden kann. Es sollte somit auch möglich sein, andere thermisch instabile Moleküle mit dieser Apparatur zu untersuchen. Eine Einschränkung scheint allerdings in der Struktur der Moleküle zu liegen. Bisher konnten mit der verwendeten CRDS-Apparatur sowohl mit thermischem Heizen als auch mit Laserverdampfung nur Moleküle erfolgreich untersucht werden, welche mindestens einen aromatischen Ring aufweisen. So wurde z.b. erfolglos versucht, die DNA-Basen Guanin und Adenin zu untersuchen. Sie konnten zwar mit einem Laser verdampft werden, allerdings schlug jeglicher Versuch, ein Absorptionsspektrum zu messen, fehl.

10 Zusammenfassung

Die vorliegende Arbeit beschäftigt sich mit der Absorptionsspektroskopie an kalten Molekülen in der Gasphase. Für die Erzeugung der kalten Moleküle in der Gasphase wurde eine Überschallexpansion des Puffergases Argon oder Helium, welches mit den zu untersuchenden Molekülen vermischt wird, eingesetzt. Untersuchte astrophysikalisch relevante Moleküle sind Moleküle aus der Gruppe der polyzyklisch aromatischen Kohlenwasserstoffe (PAHs) und das Biomolekül Tryptophan. Sowohl PAHs als auch Tryptophan konnten bereits in Meteoriten nachgewiesen werden.

Zur Verdampfung der Moleküle wurde zum Einen die in unserer Gruppe etablierte Verdampfungstechnik des einfachen thermischen Heizens verwendet. Zum Anderen wurden zwei unterschiedliche Designs von Laserverdampfungsquellen technisch umgesetzt und deren Verwendung in Verbindung mit der sogenannten Cavity-Ring-Down-Spektroskopie (CRDS) untersucht. Der Unterschied beider Quellen liegt im Ort der Laserverdampfung. Zuerst wurde eine Quelle konstruiert, bei der die Laserverdampfung außerhalb einer gepulsten Düse stattfindet. Später wurde eine weitere Quelle, bei welcher die Laserverdampfung in den Expansionskanal verlagert wurde, konstruiert. Zur Charakterisierung beider Quellen wurden Moleküle mit bereits bekannten Absorptionsspektren verdampft. Dies waren im Falle der externen Verdampfungsquelle kleinere PAHs wie Anthracen ($C_{14}H_8$), Phenanthren ($C_{14}H_8$) und Fluoren ($C_{13}H_8$). Die interne Laserverdampfungsquelle wurde mit dem Radikal C_3 charakterisiert, welches bei der Verdampfung eines Graphitstabes entstand und in der Überschallexpansion gekühlt wurde.

Das thermisch labile Molekül Tryptophan wurde ebenfalls mit der externen Laserverdampfungsquelle untersucht. Im Vergleich zur geheizten Quelle wiesen die Ergebnisse wiesen eine deutliche Reduzierung der thermischen Zersetzung des Tryptophans zu Tryptamin auf. Tryptamin, welches im selben Wellenlängenbereich wie Tryptophan absorbiert, war im Absorptionsspektrum nicht mehr nachweisbar. Zudem war teilweise sogar eine höhere Moleküldichte im Molekularstrahl zu verzeichnen. Das Signal-zu-Rausch-Verhältnis war dabei allerdings schlechter als bei der geheizten Quelle, was auf die kürzere Verdampfungsdauer zurückzuführen ist. Mit der geheizten Quelle war es möglich vom PAH-Molekül Benzo(ghi)Perylen ($C_{22}H_{12}$) die schwache Ursprungsbande des $S_1 \leftarrow S_0$ -Überganges nachzuweisen. Zu dieser Bande befanden sich in der Literatur noch keine Gasphasenspektren bei niedriger Temperatur.

Ein weiterer Bestandteil der Arbeit war die Untersuchung der Laserverdampfung mit verschiedenen Matrixmaterialien mittels der resonanzverstärkten Multi-Photon-Ionisations-Technik (REMPI) und Tryptophan als Testmolekül. Diese Arbeiten wurden im Rahmen einer Kooperation am Laboratoire Francis Perrin (CEA-Sacley, Gif-Sur-Yvette, Frankreich) durchgeführt. Als Matrix wurden synthetischer Graphit mit Partikelgrößen im μm-Bereich,

Kohlenstoff-Nanoteilchen, Kohlenstoff-Nanoröhrchen und Silicium-Nanoteilchen eingesetzt. Es wurden sowohl Massenspektren als auch Anregungsspektren aufgenommen. Hierbei stellte sich heraus, dass die auf Kohlenstoff basierenden Matrizen eine höhere Effizienz für Untersuchungen an den Molekülen aufweisen, während die Silicium-Matrix die Bildung von Tryptophan-Wasser-Komplexen begünstigt.

Literaturverzeichnis

[1] A. Léger and J. L. Puget: *Identification of the Unidentified IR Emission Features of Interstellar Dust*, Astron. Astrophys. **137**, L5-L8 (1984)

[2] M. Frenklach and E. D. Feigelson: *Formation of Polycyclic Aromatic-Hydrocarbons in Circumstellar Envelopes*, Astrophys. J. **341**, 372-384 (1989)

[3] I. Cherchneff, J. R. Barker, and A. G. G. M. Tielens: *Polycyclic Aromatic Hydrocarbon Formation in Carbon-Rich Stellar Envelopes*, Astrophys. J. **401**, 269-287 (1992)

[4] T. Allain, E. Sedlmayr, and S. Leach: *PAHs in circumstellar envelopes .1. Processes affecting PAH formation and growth*, Astron. Astrophys. **323**, 163-176 (1997)

[5] P. Jenniskens and F. X. Désert: *A survey of diffuse interstellar bands (3800-8680 A)*, Astron. Astrophys. Sup. **106**, 39-78 (1994)

[6] F. Salama, G. A. Galazutdinov, J. Krebowski, L. J. Allamandola, and F. A. Musaev: *Polycyclic Aromatic Hydrocarbons and The Diffuse Interstellar Bands: A Survey*, Astrophys. J. **526**, 265-273 (1999)

[7] R. Ruiterkamp, T. Halasinski, F. Salama, B. H. Foing, L. J. Allamandola, W. Schmidt, and P. Ehrenfreund: *Spectroscopy of large PAHs - Laboratory studies and comparison to the diffuse interstellar bands*, Astron. Astrophys. **390**, 1153-1170 (2002)

[8] A. Léger, L. d'Hendecourt, and D. Defourneau: *Physics of IR Emission by Interstellar Pah Molecules*, Astron. Astrophys. **216**, 148-164 (1989)

[9] L. J. Allamandola, D. M. Hudgins, and S. A. Sandford: *Modeling the unidentified infrared emission with combinations of polycyclic aromatic hydrocarbons*, Astrophys. J. **511**, L115-L119 (1999)

[10] L. W. Beegle, T. J. Wdowiak, M. S. Robinson, J. R. Cronin, M. D. McGehee, S. J. Clemett, and S. Gillette: *Experimental indication of a naphthalene-base molecular aggregate for the carrier of the 2175 angstrom interstellar extinction feature*, Astrophys. J. **487**, 976-982 (1997)

[11] U. P. Vijh, A. N. Witt, and K. D. Gordon: *Small polycyclic aromatic hydrocarbons in the Red Rectangle*, Astrophys. J. **619**, 368-378 (2005)

[12] G. Rouillé, S. Krasnokutski, F. Huisken, T. Henning, O. Sukhorukov, and A. Staicu: *Ultraviolet spectroscopy of pyrene in a supersonic jet and in liquid*

helium droplets, J. Chem. Phys. **120**, 6028-6034 (2004)

[13] A. Staicu, G. Rouillé, O. Sukhorukov, T. Henning, and F. Huisken: *Cavity ring-down laser absorption spectroscopy of jet-cooled anthracene*, Mol. Phys. **102**, 1777-1783 (2004)

[14] A. Staicu, S. Krasnokutski, G. Rouillé, T. Henning, and F. Huisken: *Electronic spectroscopy of polycyclic aromatic hydrocarbons (PAHs) at low temperature in the gas phase and in helium droplets*, J. Mol. Struct. **786**, 105-111 (2006)

[15] A. Staicu, G. Rouillé, T. Henning, F. Huisken, D. Pouladsaz, and R. Scholz: $S_1 \leftarrow S_0$ *transition of 2,3-benzofluorene at low temperatures in the gas phase*, J. Chem. Phys. **129**, 074302-1-074302-10 (2008)

[16] G. Rouillé, M. Arold, A. Staicu, S. Krasnokutski, F. Huisken, T. Henning, X. Tan, and F. Salama: $S_1 \, (^1A_1) \leftarrow S_0 \, (^1A_1)$ *transition of benzo[g, h, i]perylene in supersonic jets and rare gas matrices*, J. Chem. Phys. **126**, 174311-1 (2007)

[17] O. Sukhorukov, A. Staicu, E. Diegel, G. Rouillé, T. Henning, and F. Huisken: $D_2 \leftarrow D_0$ *transition of the anthracene cation observed by cavity ring-down absorption spectroscopy in a supersonic jet*, Chem. Phys. Lett. **386**, 259-264 (2004)

[18] E. L. O. Bakes, C. Bauschlicher Jr., and A. G. G. M. Tielsens: *Models of the Unidentifed Infrared Emission Features*, ASP Conf. Ser. 309, Astrophysics of Dust, San Francisco (USA), 731-753 (2004)

[19] W. Schutte, A. G. G. M. Tielens, and L. J. Allamandola: *Theoretical Modeling of the Infrared Fluorescence from Interstellar Polycyclic Aromatic-Hydrocarbons*, Astrophys. J. **415**, 397-414 (1993)

[20] L. J. Allamandola, A. G. G. M. Tielens, and J. R. Barker: *Polycyclic Aromatic-Hydrocarbons and the Unidentified Infrared-Emission Bands - Auto Exhaust Along the Milky-Way*, Astrophys. J. **290**, L25-L28 (1985)

[21] B. T. Draine and A. Li: *Infrared emission from interstellar dust. IV. The silicate-graphite-PAH model in the post-Spitzer era*, Astrophys. J. **657**, 810-837 (2007)

[22] D. K. Aitken and P. F. Roche: *Spatial Studies of the Middle Infrared Spectral Features in NGC-7027*, Mon. Not. R. Astron. Soc. **202**, 1233-1244 (1983)

[23] A. Li and B. T. Draine: *Do the infrared emission features need ultraviolet excitation? The polycyclic aromatic hydrocarbon model in UV-poor reflection nebulae*, Astrophys. J. **572**, 232-237 (2002)

[24] B. T. Draine and A. Li: *Infrared emission from interstellar dust. I. Stochastic heating of small grains*, Astrophys. J. **551**, 807-824 (2001)

[25] A. Li and B. T. Draine: *Infrared emission from interstellar dust. II. The diffuse interstellar medium*, Astrophys. J. **554**, 778-802 (2001)

[26] R. Papoular: *UIB emission without UV irradiation - A case study: M 31*, Astron. Astrophys. **359**, 397-404 (2000)

[27] L. Allamandola, A. G. G. M. Tielens, and J. R. Barker: *Interstellar Polycyclic Aromatic-Hydrocarbons - the Infrared-Emission Bands, the Excitation Emission Mechanism, and the Astrophysical Implications*, Astrophys. J. Sup. **71**, 733-775 (1989)

[28] T. P. Stecher: *Interstellar Extinction in Ultraviolet*, Astrophys. J. **142**, 1683-1684 (1965)

[29] T. P. Stecher and B. Donn: *On Graphite and Interstellar Extinction*, Astrophys. J. **142**, 1681-1682 (1965)

[30] B. T. Draine and S. Malhotra: *On Graphite and the 2175-Angstrom Extinction Profile*, Astrophys. J. **414**, 632-645 (1993)

[31] V. Mennella, L. Colangeli, E. Bussoletti, P. Palumbo, and A. Rotundi: *A new approach to the puzzle of the ultraviolet interstellar extinction bump*, Astrophys. J. **507**, L177-L180 (1998)

[32] M. Schnaiter, H. Mutschke, J. Dorschner, T. Henning, and F. Salama: *Matrix-isolated nano-sized carbon grains as an analog for the 217.5 nanometer feature carrier*, Astrophys. J. **498**, 486-496 (1998)

[33] C. Jäger, T. Henning, R. Schlogl, and O. Spillecke: *Spectral properties of carbon black*, J. Non-Cryst. Solids **258**, 161-179 (1999)

[34] T. M. Steel and W. W. Duley: *A 217.5 Nanometer Absorption Feature in the Spectrum of Small Silicate Particles*, Astrophys. J. **315**, 337-339 (1987)

[35] B. T. Draine: *Tabulated Optical-Properties of Graphite and Silicate Grains*, Astrophys. J. Sup. **57**, 587-594 (1985)

[36] W. W. Duley and S. Seahra: *Graphite, polycyclic aromatic hydrocarbons, and the 2175 angstrom extinction feature*, Astrophys. J. **507**, 874-888 (1998)

[37] W. W. Duley: *A plasmon resonance in dehydrogenated coronene ($C_{24}H_x$) and its cations and the origin of the interstellar extinction band at 217.5 nanometers*, Astrophys. J. **639**, L59-L62 (2006)

[38] C. Joblin, A. Léger, and P. Martin: *Contribution of Polycyclic Aromatic Hydrocarbon Molecules to the Interstellar Extinction Curve*, Astrophys. J. **393**, L79-L82 (1992)

[39] G. Malloci, G. Mulas, and C. Joblin: *Electronic absorption spectra of PAHs up*

to vacuum UV - Towards a detailed model of interstellar PAH photophysics, Astron. Astrophys. **426**, 105-117 (2004)

[40] G. Malloci, G. Mulas, G. Cappellini, V. Fiorentini, and I. Porceddu: *Theoretical electron affinities of PAHs and electronic absorption spectra of their monoanions*, Astron. Astrophys. **432**, 585-594 (2005)

[41] G. Malloci, C. Joblin, and G. Mulas: *Theoretical evaluation of PAH dication properties*, Astron. Astrophys. **462**, 627-635 (2007)

[42] J. C. Weingartner and B. T. Draine: *Dust grain-size distributions and extinction in the Milky Way, large magellanic cloud, and small magellanic cloud*, Astrophys. J. **548**, 296-309 (2001)

[43] A. Li and B. T. Draine: *On ultrasmall silicate grains in the diffuse interstellar medium*, Astrophys. J. **550**, L213-L217 (2001)

[44] V. Zubko, E. Dwek, and R. G. Arendt: *Interstellar dust models consistent with extinction, emission, and abundance constraints*, Astrophys. J. Sup. **152**, 211-249 (2004)

[45] C. Cecchi-Pestellini, G. Malloci, G. Mulas, C. Joblin, and D. A. Williams: *The role of the charge state of PAHs in ultraviolet extinction*, Astron. Astrophys. **486**, L25-L29 (2008)

[46] A. P. Jones, W. W. Duley, and D. A. Williams: *The Structure and Evolution of Hydrogenated Amorphous-Carbon Grains and Mantles in the Interstellar-Medium*, Q. J. Roy. Astron. Soc. **31**, 567-582 (1990)

[47] G. Malloci, C. Joblin, and G. Mulas: *On-line database of the spectral properties of polycyclic aromatic hydrocarbons*, Chem. Phys. **332**, 353-359 (2007)

[48] M. A. Sephton and O. Botta: *Extraterrestrial organic matter and the detection of life*, Space Sci. Rev. **135**, 25-35 (2008)

[49] V. C. Tewari: *Discovery of amino acids from Didwana-Rajod meteorite and its implicatoin on origin of life*, J. Geolog. Soc. India **60**, 107-110 (2002)

[50] A. O'Keefe and D. A. G. Deacon: *Cavity ring-down optical spectrometer for absorption measurements using pulsed laser sources*, Rev. Sci. Instrum. **59**, 2544-2551 (1988)

[51] D. R. Miller, "Free Jet Sources" in *Atomic and Molecular Beam Methods, Vol. 1, Chapter 2*, Oxford University Press, New York, 1988, 14-53

[52] P. A. Thompson, *Compressible Fluid Dynamicsm*, McGraw-Hill, New York, 1972

[53] P. G. Hill and C. R. Peterson, *Mechanics and Thermodynamics of Propulsion*,

Addison-Wesley, Reading, 1992

[54] O. Sukhorukov: *Spectroscopy of Polycyclic Aromatic Hydrocarbons for the Identification of the Diffuse Interstellar Bands*, Dissertation, Friedrich-Schiller-Universität Jena, Jena (2004)

[55] N. M. Bulgakova and A. V. Bulgakov: *Pulsed laser ablation of solids: transition from normal vaporization to phase explosion*, Appl. Phys. A **73**, 199-208 (2001)

[56] A. Abo-Riziq, B. Crews, L. Grace, and M. S. de Vries: *Microhydration of guanine base pairs*, J. Am. Chem. Soc. **127**, 2374-2375 (2005)

[57] J. M. Bakker: *Structural identification of gas-phase biomolecules using infrared spectroscopy*, Dissertation, Radboud Universität Nijmegen, Nijmegen, Niederlande (2004)

[58] J. R. Cable, M. J. Tubergen, and D. H. Levy: *Fluorescence spectroscopy of jet-cooled tryptophan peptides*, J. Am. Chem. Soc. **111**, 9032-9039 (1989)

[59] W. Chin, M. Mons, J.-P. Dognon, R. Mirasol, G. Chass, I. Dimicoli, F. Piuzzi, P. Butz, B. Tardivel, I. Compagnon, G. von Helden, and G. Meijer: *The gas-phase dipeptide analogue acetyl-phenylalanyl-amide: A model for the study of side chain/backbone interactions in proteins*, J. Phys. Chem. A **109**, 5281-5288 (2005)

[60] I. Hünig, K. A. Seefeld, and K. Kleinermanns: *REMPI and UV–UV double resonance spectroscopy of tryptophan ethylester and the dipeptides tryptophan–serine, glycine–tryptophan and proline–tryptophan*, Chem. Phys. Lett. **369**, 173–179 (2003)

[61] D. L. Kokkin, T. P. Troy, M. Nakajima, K. Nauta, T. D. Varberg, G. F. Metha, N. T. Lucas, and T. W. Schmidt: *The optical spectrum of a large isolated polycyclic aromatic hydrocarbon: Hexa-peri-hexabenzocoronene, $C_{42}H_{18}$*, Astrophys. J. **681**, L49-L51 (2008)

[62] E. Nir and M. S. de Vries: *Fragmentation of laser-desorbed 9-substituted adenines*, Int. J. Mass Spectrom. **219**, 133–138 (2002)

[63] H. Saigusa, A. Tomioka, T. Katayama, and E. Iwase: *A matrix-free laser desorption method for production of nucleobase clusters and their hydrates*, Chem. Phys. Lett. **418**, 119–125 (2006)

[64] M. Ebben, G. Meijer, and J. J. ter Meulen: *Laser evaporation as a source of small free radicals*, Appl. Phys. B **50**, 35-38 (1990)

[65] T. W. Heise and E. S. Yeung: *Spatial and temporal imaging of gas-phase protein and DNA produced by matrix-assisted laser desorption*, Anal. Chem.

66, 355-361 (1994)

[66]   A. M. James, P. Kowalczyk, and B. Simard: *Molecular beam laser spectroscopy of some new band systems of the niobium dimer molecule*, J. Mol. Spectrosc. **164**, 260-274 (1994)

[67]   O. Launila, B. Simard, and A. M. James: *Spectroscopy of MnF: Rotational analysis of the $A\,^7\Pi \leftarrow X\,^7\Sigma^+$ (0, 0) and (1, 0) bands in the near-ultraviolet region*, J. Mol. Spectrosc. **159**, 161-174 (1993)

[68]   F. L. Plows and A. C. Jones: *Laser-desorption supersonic jet spectroscopy of phthalocyanines*, J. Mol. Spectrosc. **194**, 163-170 (1999)

[69]   H. Saigusa, E. Iwase, and M. Nishimura: *Intramolecular charge-transfer dynamics in p-dimethylaminobenzonitrile acetonitrile clusters. A new twist*, J. Phys. Chem. A **107**, 3759-3763 (2003)

[70]   D. Uridat, V. Brenner, I. Dimicoli, J. L. Calvé, P. Millié, M. Mons, and F. Piuzzi: *Existence of two internal energy distributions in jet-formed van der Waals heteroclusters: example of the anthracene-argon$_n$ system*, Chem. Phys. **239**, 151–175 (1998)

[71]   M. G. H. Boogaarts and G. Meijer: *Measurement of the beam intensity in a laser desorption jet-cooling mass spectrometer*, J. Chem. Phys. **103**, 5269-5274 (1995)

[72]   I. Labazan and S. Milosevic: *Laser vaporized Li_2, Na_2, K_2, and LiNa molecules observed by cavity ring-down spectroscopy*, Physical Review A **68**, 032901-1-032901-8 (2003)

[73]   J. W.-H. Leung, T. Ma, and A. S. C. Cheung: *Cavity ring down absorption spectroscopy of the $B\,^2\Sigma^+$–$X^2\,\Sigma^+$ transition of YO*, J. Mol. Spectrosc. **229**, 108–114 (2005)

[74]   J. J. Scherer, J. B. Paul, C. P. Collier, and R. J. Saykally: *Cavity ringdown laser absorption spectroscopy and time-of-flight mass spectroscopy of jet-cooled silver silicides*, J. Chem. Phys. **103**, 113-120 (1995)

[75]   D. E. Powers, S. G. Hansen, M. E. Geusic, A. C. Pulu, J. B. Hopkins, T. G. Dietz, M. A. Duncan, P. R. R. Langridge-Smith, and R. E. Smalley: *Supersonic Metal Cluster Beams: Laser Photoionization Studies of Cu_2*, J. Phys. Chem. **86**, 2556-2560 (1982)

[76]   H. Haberland, "Cluster" in *Bergmann - Schaefer, Lehrbuch der Experimentalphysik, Band 5, Vielteichen Systeme*, Walter de Gruyter, Berlin, 1992, 549-626

[77]　H. W. Kroto, J. R. Heath, S. C. O'Brien, R. F. Curl, and R. E. Smalley: *C_{60}: Buckminsterfullerene,* Nature **318**, 162-163 (1985)

[78]　F. Piuzzi, I. Dimicoli, M. Mons, B. Tardivel, and Q. Zhao: *A simple laser vaporization source for thermally fragile molecules coupled to a supersonic expansion: application to the spectroscopy of tryptophan,* Chem. Phys. Lett. **320**, 282–288 (2000)

[79]　T. A. Livengood, K. E. Fast, T. Kostiuk, F. Espenak, D. Buhl, J. J. Goldstein, T. Hewagama, and K. H. Ro: *Refraction by Earth's Atmosphere near 12 Microns,* Publ. Astron. Soc. Pac. **111**, 512-521 (1999)

[80]　NIST Atomic Spectra Database Lines Form, Internetseite: http://physics.nist.gov/PhysRefData/ASD/lines_form.html

[81]　P. Neubauer-Guenther, T. F. Giesen, U. Berndt, G. Fuchs, and G. Winnewisser: *The Cologne Carbon Cluster Experiment: ro-vibrational spectroscopy on C_8 and other small carbon clusters,* Spectrochim. Acta A **59**, 431/441 (2002)

[82]　G. Rouillé, M. Arold, A. Staicu, S. Krasnokutski, F. Huisken, T. Henning, X. Tan, and F. Salama: *Absorption bands of perylene and its complexes with 1 and 2 argon atoms in the 24 059–26 182 cm-1 range. Supplemental material to: The S_1 ($^1A_1$) ← S_0 ($^1A_1$) transition of benzo[g,h,i]perylene in supersonic jets and rare gas matrices,* J. Chem. Phys. **126**, Supplemental material (2007)

[83]　G. Rouillé, M. Arold, F. Huisken, and T. Henning: *UV-VIS absorption spectroscopy of jet-cooled PAHs,* in Molecules in Space and Laboratory, Proceeding of the International Astrophysics and Astrochemistry Meeting, Paris, Frankreich, 14-18 May 2007, 235-238

[84]　J. Aihara, K. Ohno, and H. Inokuchi: *Absorption spectra of gaseous benzo(g,h,i)perylene and coronene,* Bull. Chem. Soc. Jpn. **43**, 2435-2439 (1970)

[85]　E. Clar: *Über die Konstitution des Perylens; die Synthesen des 2.3, 10.11-Dibenz- und des 1.12-Benz-peryles und Betrachtungen über die Konstitution des Benzanthrons und Phenanthrens,* Ber. Dtsch. Chem. Ges. B **65**, 846-859 (1932)

[86]　J. Langelaar, J. Wegdam-Van Beek, J. D. W. Van Voorst, and D. Lavette: *Polarization measurements on low-lying T-T absorptions with cw argon-ion laser photoselection,* Chem. Phys. Lett. **6**, 460-464 (1970)

[87]　J. B. Birks, C. E. Easterly, and L. G. Christophorou: *Stokes and Anti-Stokes Fluorescence of 1,12-Benzoperylene in Solution,* J. Chem. Phys. **66**, 4231-

4236 (1977)

[88] N. Nijegorodov, R. Mabbs, and W. S. Downey: *Evolution of absorption, fluorescence, laser and chemical properties in the series of compounds perylene, benzo(ghi)perylene and coronene*, Spectrochim. Acta A **57**, 2673-2685 (2001)

[89] X. Chillier, P. Boulet, H. Chermette, F. Salama, and J. Weber: *Absorption and emission spectroscopy of matrix-isolated benzo[g,h,i]perylene: An experimental and theoretical study for astrochemical applications*, J. Chem. Phys. **115**, 1769-1776 (2001)

[90] A. Nakajima: *Fluorescence Emission in Gas-Phase of Several Aromatic-Hydrocarbons*, Bull. Chem. Soc. Jpn. **45**, 1687-1695 (1972)

[91] L. A. Nakhimovsky, M. Lamotte, and J. Joussot-Dubien, *Handbook of Low Temperature Electronic Spectra of Polycyclic Aromatic Hydrocarbons*, Physical Sciences Data, 1989, vol. 40

[92] X. Tan and F. Salama: *Cavity ring-down spectroscopy and vibronic activity of benzo[ghi]perylene*, J. Chem. Phys. **123**, 014312-1-014312-7 (2005)

[93] R. S. Mulliken: *Report on Notation for the Spectra of Polyatomic Molecules*, J. Chem. Phys. **23**, 1997-2011 (1955)

[94] D. Romanini and K. K. Lehmann: *Ring-Down Cavity Absorption-Spectroscopy of the very weak HCN Overtone Bands with 6, 7, and 8 Stretching Quanta*, J. Chem. Phys. **99**, 6287-6301 (1993)

[95] G. Bermudez and I. Y. Chan: *Excitation and Fluorescence-Spectra of Coronene in a Jet*, J. Phys. Chem. **90**, 5029-5034 (1986)

[96] I. Renge: *Temperature- and pressure-induced shifts of Shpol'skii spectra. I: Pressure shifts*, Chem. Phys. **295**, 255-268 (2003)

[97] X. Tan and F. Salama: *Cavity ring-down spectroscopy and theoretical calculations of the S_1 ($^1B_{3u}$) $\leftarrow$ S_0 (^1A_g) transition of jet-cooled perylene*, J. Chem. Phys. **122**, 084318-1-084318-9 (2005)

[98] S. Leutwyler: *Electronic spectroscopy of perylene-rare-gas van der Waals complexes*, J. Chem. Phys. **81**, 5480-5493 (1984)

[99] V. L. Stakhursky and T. Miller: *SpecView: Simulation and Fitting of Rotational Structure of Electronic and Vibronic Bands*, Software (2001)

[100] V. Oja and E. M. Suuberg: *Vapor pressures and enthalpies of sublimation of polycyclic aromatic hydrocarbons and their derivatives*, J. Chem. Eng. Data **43**, 486-492 (1998)

[101] C. Jäger, S. Krasnokutski, A. Staicu, F. Huisken, H. Mutschke, T. Henning, W. Poppitz, and I. Voicu: *Identification and spectral properties of polycyclic aromatic hydrocarbons in carbonaceous soot produced by laser pyrolysis*, Astrophys. J. Suppl. Ser. **166**, 557-566 (2006)

[102] C. Jäger, F. Huisken, H. Mutschke, T. Henning, W. Poppitz, and I. Voicu: *Identification and spectral properties of PAHs in carbonaceous material produced by laser pyrolysis*, Carbon **45**, 2981-2994 (2007)

[103] I. Y. Chan and M. Dantus: *Spectroscopic study of jet-cooled fluoranthene*, J. Chem. Phys. **82**, 4771-4776 (1985)

[104] K. Naß, D. Lenoir, and A. Kettrup: *Berechnung thermodynamischer Eigenschaften von polycyclischen aromatischen Kohlenwasserstoffen mit einem Inkrementverfahren*, Angew. Chem. **107**, 1865-1866 (1995)

[105] P. Arrowsmith, M. S. de Vries, H. E. Hunziker, and H. R. Wendt: *Pulsed Laser Desorption near a Jet Orifice: Concentration Profiles of Entrained Perylene Vapor*, Appl. Phys. B **46**, 165-173 (1988)

[106] M. Arold, G. Rouillé, F. Huisken, and T. Henning: *Laser vaporization of solid samples for absorption spectroscopy of jet-cooled molecules*, in Molecules in Space and Laboratory, Proceeding of the International Astrophysics and Astrochemistry Meeting, Paris, Frankreich, 14-18 May 2007, 243-244

[107] T. R. Rizzo, Y. D. Park, L. A. Peteanu, and D. H. Levy: *The electronic spectrum of the amino acid tryptophan in the gas phase*, J. Chem. Phys. **84**, 2534 (1986)

[108] T. R. Rizzo, Y. D. Park, and D. H. Levy: *Dispersed fluorescence of jet-cooled tryptophan: Excited state conformers and intramolecular exciplex formation*, J. Chem. Phys. **85**, 6945-6951 (1986)

[109] L. Snoek, R. Kroemer, M. Hockridge, and J. Simons: *Conformational landscapes of aromatic amino acids in the gas phase: Infrared and ultraviolet ion dip spectroscopy of tryptophan*, Phys. Chem. Chem. Phys. **3**, 1819-1826 (2001)

[110] L. A. Philips, S. P. Webb, S. J. Martinez, G. R. Fleming, and D. H. Levy: *Time-resolved spectroscopy of tryptophan conformers in a supersonic jet*, J. Am. Chem. Soc. **110**, 1352-1355 (1988)

[111] C. K. Teh, J. Sipior, and M. Sulkes: *Spectroscopy of tryptophan in supersonic expansions: Addition of solvent molecules*, J. Phys. Chem. **93**, 5393-5400 (1989)

[112] K. W. Short and P. R. Callisa: *Evidence of pure ^1L_b fluorescence from*

redshifted indole-polar solvent complexes in a supersonic jet, J. Chem. Phys. **108**, 10189-10196 (1998)

[113] F. Huisken, G. Rouillé, M. Arold, A. Staicu, and T. Henning: *Electronic Spectroscopy of Biological Molecules in Supersonic Jets: The Amino Acid Tryptophane*, in Rarified Gas Dynamics, Proceedings of the 26th International Symposium on Rarified Gas Dynamics, Kyoto, Japan, 20-25 July 2008

[114] G. Rouillé, M. Arold, A. Staicu, T. Henning, and F. Huisken: *Cavity ring-down laser absorption spectroscopy of jet-cooled L-tryptophan*, J. Phys. Chem. A **113**, 8187-8194 (2009)

[115] A. M. Bryan and P. G. Olafsson: *Analysis of thermal decomposition patterns of aromatic and heteroaromatic amino acids*, Anal. Lett. **2**, 505 (1969)

[116] Y. D. Park, T. R. Rizzo, L. A. Peteanu, and D. H. Levy: *Electronic spectroscopy of tryptophan analogs in supersonic jets: 3-Indole acetic acid, 3-indole propionic acid, tryptamine, and N-acetyl tryptophan ethyl ester*, J. Chem. Phys. **84**, 6539 (1986)

[117] L. A. Philips and D. H. Levy: *Determination of the Transition Moment and the Geometry of Tryptamine by Rotationally Resolved Electronic Spectroscopy*, J. Phys. Chem. **90**, 4921-4923 (1986)

[118] M. Karas, D. Bachmann, and F. Hillenkamp: *Influence of the wavelength in high-irradiance ultraviolet laser desorption mass spectrometry of organic molecules*, Anal. Chem. **57**, 2935-2939 (1985)

[119] F. Hillenkamp, M. Karas, D. Holkamp, and P. Klusener: *Energy deposition in ultraviolet-laser desorption mass-spectrometry of biomolecules*, Int. J. Mass Spectrom. **69**, 265-276 (1986)

[120] Continuum, Inc.: Products: High Energy Solid State Lasers: Minilite Series, Datasheets Minilite II, Internetseite:
http://www.continuumlasers.com/products/pulsed_Minilite_series.asp

[121] T. Schmidt: *Herstellung und Charakterisierung von Silizium- und Siliziumdioxid-Nanoteilchen*, Diplomarbeit, Friedrich-Schiller-Universität Jena, Jena (2007)

[122] O. Guillois: *private communication*, CEA-Saclay, Frankreich, (2008)

[123] M. Schürenberg, K. Dreisewerd, and F. Hillenkamp: *Laser Desorption/Ionization Mass Spectrometry of Peptides and Proteins with Particle Suspension Matrixes*, Anal. Chem. **71**, 221-229 (1999)

[124] L. C. Snoek, R. T. Kroemery, and J. P. Simons: *A spectroscopic and computational exploration of tryptophan–water cluster structures in the gas*

[125] P. Swings: *Molecular Bands in Cometary Spectra. Identifications*, Rev. Mod. Phys. **14**, 190-194 (1942)

[126] J. P. Maier, N. M. Lakin, G. A. H. Walker, and D. A. Bohlender: *Detection of C_3 in Diffuse Interstellar Clouds*, Astrophys. J. **553**, 267-273 (2001)

[127] K. W. Hinkle, J. J. Keady, and P. F. Bernath: *Detection of C_3 in the Circumstellar Shell of IRC+10216*, Science **241**, 1319-1322 (1988)

[128] J. Cernicharo, J. R. Goicoechea, and E. Caux: *Far-infrared detection of C_3 in Sagittarius B2 and IRC+10216*, Astrophys. J. **534**, L199-L202 (2000)

[129] W. J. Balfour, J. Cao, C. V. V. Prasad, and C. X. W. Qian: *Laser-induced fluorescence spectroscopy of the $A\,^1\Pi_u$ - $X\,^1\Sigma_g^+$ transition in jet-cooled C_3*, J. Chem. Phys. **101**, 10343-10349 (1994)

[130] D. W. Tokaryk and D. E. Chomiak: *Laser spectroscopy of C_3: Stimulated emission and absorption spectra of the $A\,^1\Pi_u$ - $X\,^1\Sigma_g^+$ transition*, J. Chem. Phys. **106**, 7600 (1997)

[131] NIST Chemistry WebBook: C_3: Vibrational and/or electronic energy levels, Internetseite:
http://webbook.nist.gov/cgi/cbook.cgi?ID=C12075353&Units=SI&Mask=800#Electronic-Spec

[132] J. P. Maier: *Electronic Spectroscopy of Carbon Chains*, J. Phys. Chem. **102**, 3462-3469 (1998)

Danksagung

Diese Arbeit entstand in der Laborastrophysik- und Clusterphysik-Gruppe des Max-Planck-Instituts für Astronomie (Heidelberg) am Institut für Festkörperphysik der Friedrich-Schiller-Universität Jena.

Ich danke ganz besonders Herrn Prof. Dr. Friedrich Huisken, der mir die Möglichkeit gegeben hat, meine Arbeit zu diesem überaus interessanten Thema durchzuführen. Zudem bedanke ich mich für die angenehme wissenschaftliche Betreuung sowie für wertvolle und interessante Gespräche.

Prof. Dr. Thomas Henning, Direktor des Max-Planck-Instituts für Astronomie, danke ich für die finanzielle Unterstützung durch das Institut.

Ich danke allen Mitarbeitern der Laborastrophysik- und Clusterphysik-Gruppe für das gute Arbeitsklima und viele wertvolle Diskussionen. Insbesondere danke ich Torsten Schmidt, Jana Sommerfeld, Dr. Gaël Rouillé, Dr. Libo Ma, Dr. Cornelia Jäger und Mathias Steglich.

Gabriele Born danke ich für ihre technische Unterstützung bei der Probenpräparation für beide Laserverdampfungsquellen. Neben ihr danke ich auch den restlichen Mitarbeitern der Laborastrophysikgruppe des Astrophysikalischen Institutes der Universität Jena für wertvolle Diskussionen über Experimente und Ergebnisse.

Herrn Peter Hanse danke ich stellvertretend für die gesamte mechanische Werkstatt. Ohne deren schnelle Arbeit und wertvolle Ratschläge in Material- und kleineren Konstruktionsfragen wären die Konstruktion und vor allem der Betrieb der Quellen nicht möglich gewesen.

Der Elektronikwerkstatt, insbesondere Herrn Reiner Bark als Leiter des Teams und Herrn Peter Engelhardt bin ich für schnelle Reparaturen von elektronischen Geräten und Beratung bei Neuanschaffungen von Elektronikbauteilen dankbar.

Bei der Konstruktionsabteilung der Physikalisch-Astronomischen Fakultät bedanke ich mich für deren Hilfe bei der Konstruktion der Piuzzi-Quelle. Insbesondere Herr Reiner Lärz war auch bei anderen Konstruktionsfragen stets ein guter Ansprechpartner.

Mein besonderer Dank geht an Dr. Angela Staicu. Sie hat mir die Bedienung der Apparatur näher gebracht und war stets für Diskussionen und gute Ideen bezüglich weiter führender Experimente da.

Die Finanzierung des Aufenthalts bei unseren Kooperationspartner in Saclay (Frankreich) geschah durch den DAAD im Rahmen des Austauschprogramms PROCOPE. Dr. François Piuzzi vom Laboratoire Francis Perrin (CEA-Saclay) danke ich für die Bereitstellung seiner REMPI-Apparatur und die experimentelle Unterstützung bei der Durchführung der REMPI-

Experimente und die Diskussion der Ergebnisse. Aus dem Team in Saclay danke ich ebenfalls Dr. Micheal Mons und Dr. Eric Gloaguen für gute Ideen bezüglich zusätzlicher REMPI-Untersuchungen und Diskussion der durchgeführten Experimente. Dem Techniker Benjamin Tardivel danke ich für seine Unterstützung bezüglich der Bedienung der Geräte und der schnellen Fehlerbehebung. Ebenfalls danke ich ihm für die wertvollen Diskussionen über die Messergebnisse. Dr. Nathalie Herlin danke ich für die Bereitstellung des Si-Nanoteilchen-Pulvers und Dr. Martine Mayne-L'Hermite für die Bereitstellung des Kohlenstoff-Nanoröhrchen-Pulvers.

Ein besonderer Dank gilt auch meiner Familie. Ohne deren Unterstützung wäre sowohl das Physik-Studium als auch die Promotion nicht möglich gewesen.

Zu guter Letzt möchte ich mich auch bei meiner Freundin und meinen Freunden für ihr Verständnis dafür bedanken, dass ich in den letzten Monaten nicht viel Zeit für sie hatte.

Die VDM Verlagsservicegesellschaft sucht für wissenschaftliche Verlage abgeschlossene und herausragende

Dissertationen, Habilitationen, Diplomarbeiten, Master Theses, Magisterarbeiten usw.

für die kostenlose Publikation als Fachbuch.

Sie verfügen über eine Arbeit, die hohen inhaltlichen und formalen Ansprüchen genügt, und haben Interesse an einer honorarvergüteten Publikation?

Dann senden Sie bitte erste Informationen über sich und Ihre Arbeit per Email an *info@vdm-vsg.de*.

Sie erhalten kurzfristig unser Feedback!

VDM Verlagsservicegesellschaft mbH
Dudweiler Landstr. 99　　　　　　Telefon +49 681 3720 174
D - 66123 Saarbrücken　　　　　　Fax　　　 +49 681 3720 1749
www.vdm-vsg.de

Die VDM Verlagsservicegesellschaft mbH vertritt

Printed by Books on Demand GmbH, Norderstedt / Germany